教育部高等学校软件工程专业教学指导委员会推荐教材

人工智能人才培养系列

嵌入式人工智能开发与实践

贺雪晨 沈文忠 ◎ 主编
陈炜 徐海兵 仝明磊 ◎ 副主编

人民邮电出版社
北京

图书在版编目（CIP）数据

嵌入式人工智能开发与实践 / 贺雪晨，沈文忠主编. -- 北京：人民邮电出版社，2022.7（2023.4重印）
（人工智能人才培养系列）
ISBN 978-7-115-58718-3

Ⅰ．①嵌… Ⅱ．①贺… ②沈… Ⅲ．①人工智能 Ⅳ．①TP18

中国版本图书馆CIP数据核字(2022)第029924号

内 容 提 要

本书基于嵌入式人工智能开发板 EAIDK-310 和嵌入式虹膜门禁系统 EAIDK-310-P20 实验平台，使用 Qt 和 PyQt 作为界面设计和运行框架，通过在嵌入式 Linux 系统中使用 Python 和 C++语言编写程序代码，实现视频采集、物体分类、人脸识别、虹膜图像预处理、虹膜图像特征提取与匹配、虹膜图像采集与定位显示、虹膜识别门禁系统、智能音箱等实践案例。本书重实践、重应用、重开发、重创新，以人工智能主流应用场景落地为导向、以强化学生应用能力的培养为目标，详细阐述解决实际问题的前沿技术和方法。

本书可作为高等院校软件工程、电子信息工程、人工智能等专业本科生与研究生的教材，也可供人工智能、嵌入式等相关领域的技术人员学习使用。

◆ 主　　编　贺雪晨　沈文忠
　　副主编　陈　炜　徐海兵　仝明磊
　　责任编辑　祝智敏
　　责任印制　王　郁　陈　犇

◆ 人民邮电出版社出版发行　北京市丰台区成寿寺路 11 号
邮编　100164　电子邮件　315@ptpress.com.cn
网址　https://www.ptpress.com.cn
北京联兴盛业印刷股份有限公司印刷

◆ 开本：787×1092　1/16
印张：12.75　　　　　　　　　　2022 年 7 月第 1 版
字数：309 千字　　　　　　　　　2023 年 4 月北京第 2 次印刷

定价：59.80 元

读者服务热线：(010)81055256　印装质量热线：(010)81055316
反盗版热线：(010)81055315
广告经营许可证：京东市监广登字 20170147 号

前言 Preface

嵌入式人工智能是以微控制器或应用处理器为核心,能够运行基本学习或推理算法,融合传感器采样、滤波处理、边缘计算、通信及执行等功能于一体的嵌入式计算机系统。人工智能具有强烈的工程和项目背景,因此在教学中需要广泛引入案例,并且这些案例应该是前沿的、典型的、能反映所学理论和实际需要的。

本书选取了人脸识别门禁案例,实现物体分类、人脸检测、人脸识别、活体检测等人工智能典型应用;选取了虹膜检测与识别案例,介绍主流的 AI 端侧深度神经网络推理框架 Tengine-Lite,基于该框架采用 C++和 Python 语言实现虹膜图像检测与定位、虹膜图像特征提取与匹配等算法,并通过 EAIDK-310-P20 实验平台,结合上述算法和 PyQt UI 框架,实现了完整的虹膜识别门禁系统。这些案例实现了教材内容的因时而新、与时俱进。

本书内容安排如下。

第 1 章介绍了 EAIDK-310 开发板的基本使用方法。

第 2 章介绍了如何使用 Python 和 C++实现视频采集。

第 3 章、第 4 章分别介绍了物体分类和人脸识别的 Python 和 C++实现。

第 5 章介绍了虹膜图像读写与变换、检测与定位、精确定位及归一化等虹膜图像预处理技术的基本概念,以及它们的 C++和 Python 实现。

第 6 章介绍了虹膜图像质量评估、特征提取与匹配的基本概念,以及它们的 C++和 Python 实现。

第 7 章介绍了虹膜图像采集与定位显示的基本概念,以及它们的 C++和 Python 实现。

第 8 章介绍了基于 PyQt 界面框架的虹膜识别门禁系统开发的全流程方法。

第 9 章介绍了语音识别、自然语言处理、语音合成及智能音箱制作的相关内容。

第 1~6 章使用 EAIDK-310 开发板实现。EAIDK(embedded artificial intelligence development kit)是全球首个采用 Arm 架构的人工智能开发平台。第 7~8 章使用 EAIDK-310-P20 实验平台实现。它是全球首个融合先进虹膜识别技术的面向高校和人工智能类企业的实践教学平台。第 9 章在 EAIDK-310 开发板的基础上扩展使用麦克风阵列实现。

本书以培养学生进行嵌入式人工智能项目实践的应用能力为目标，通过物体分类、人脸检测、人脸识别、智能音箱等实践案例，结合作者开发嵌入式虹膜识别门禁产品的流程，帮助学生了解、熟悉和掌握实际工业产品的开发过程。本书的习题没有安排在每章的最后，而是随知识点安排，学完即练。同时本书为读者免费提供电子教案、源码、软件工具、教学微视频等配套资源，读者可从人邮教育社区（www.ryjiaoyu.com）下载这些资源。

本书是 2019 年上海高校本科重点教学改革项目"基于人工智能应用场景的产教深度融合实践教学改革与探索"、教育部 2019 年产学合作协同育人项目"嵌入式人工智能实践示范基地"、教育部 2021 年产学合作协同育人项目"嵌入式人工智能实践课程教学内容改革"的建设成果，由上海电力大学、上海点与面智能科技有限公司、开放智能机器（上海）有限公司合作编写。

由于编者学术水平有限，书中难免存在表达欠妥之处，由衷希望广大读者朋友和专家学者能够拨冗提出宝贵的修改建议，修改建议可直接反馈至编者的电子邮箱：heinhe@126.com。

编者

2022 年春于上海

目录 Contents

第 1 章 基础知识

1.1 嵌入式人工智能概述 ……………………………………………………… 1
1.2 EAIDK-310 快速入门 ……………………………………………………… 2
    1.2.1 连接 WiFi ………………………………………………………… 2
    1.2.2 自动登录 ………………………………………………………… 3
    1.2.3 使用 SSH 连接开发板 …………………………………………… 4
    1.2.4 使用 VNC 连接开发板 …………………………………………… 5
1.3 Linux 文件系统与常用命令 ……………………………………………… 7
    1.3.1 Linux 文件系统 ………………………………………………… 8
    1.3.2 Linux 常用命令 ………………………………………………… 9
1.4 EAIDK-310 固件烧录 …………………………………………………… 10
1.5 本章小结 …………………………………………………………………… 12

第 2 章 视频采集

2.1 视频采集的 Python 实现 ………………………………………………… 13
    2.1.1 图像读写 ………………………………………………………… 14
    2.1.2 视频捕获 ………………………………………………………… 15
2.2 视频采集的 C++实现（PC 端）………………………………………… 20
    2.2.1 Qt 下载与安装 ………………………………………………… 21
    2.2.2 Qt 快速入门 …………………………………………………… 21
    2.2.3 视频采集 ………………………………………………………… 29
2.3 视频采集的 C++实现（EAIDK 端）…………………………………… 31
2.4 本章小结 …………………………………………………………………… 35

第 3 章 物体分类

- 3.1 AI 端侧推理框架 Tengine-Lite ······ 37
  - 3.1.1 Tengine-Lite 简介 ······ 37
  - 3.1.2 Tengine 及其特点 ······ 37
  - 3.1.3 使用 Tengine-Lite 的准备工作 ······ 38
- 3.2 物体分类的 Python 实现 ······ 40
  - 3.2.1 MobileNet 简介 ······ 41
  - 3.2.2 编写程序 ······ 41
  - 3.2.3 运行程序 ······ 44
- 3.3 物体分类的 C++ 实现 ······ 45
  - 3.3.1 SSD 算法简介 ······ 46
  - 3.3.2 编写程序 ······ 46
  - 3.3.3 运行程序 ······ 53
- 3.4 本章小结 ······ 53

第 4 章 人脸识别

- 4.1 人脸识别的 Python 实现 ······ 54
  - 4.1.1 人脸识别系统的组成 ······ 55
  - 4.1.2 简单人脸识别 ······ 56
  - 4.1.3 人脸属性识别 ······ 60
  - 4.1.4 人脸识别门禁 ······ 62
  - 4.1.5 基于 PyQt 的人脸识别系统界面设计 ······ 66
- 4.2 人脸识别的 C++ 实现 ······ 70
  - 4.2.1 Vision.Face 简介 ······ 71
  - 4.2.2 编写 mainwindow 程序 ······ 71
  - 4.2.3 编写 AlgThread 程序 ······ 74
  - 4.2.4 运行程序 ······ 76
- 4.3 本章小结 ······ 77

第 5 章 虹膜图像预处理

- 5.1 虹膜识别技术概述 ······ 78
  - 5.1.1 虹膜与虹膜识别 ······ 79
  - 5.1.2 虹膜识别发展简史 ······ 80
  - 5.1.3 虹膜识别系统框架 ······ 80

5.2 虹膜图像读写与变换 82
    5.2.1 图像读写的 C++实现 82
    5.2.2 图像变换的 C++实现 83

5.3 虹膜图像检测与定位 87
    5.3.1 虹膜图像检测与定位原理 87
    5.3.2 虹膜图像检测与定位的 C++实现 92
    5.3.3 C++代码封装为 Python 接口 103
    5.3.4 虹膜图像检测与定位的 Python 实现 108

5.4 虹膜图像的精确定位及归一化 113
    5.4.1 虹膜图像的精确定位及归一化原理 113
    5.4.2 虹膜图像精确定位及归一化的 C++实现 115
    5.4.3 虹膜图像精确定位及归一化的 Python 实现 122

5.5 本章小结 125

第 6 章 虹膜图像特征提取与匹配

6.1 虹膜图像质量评估 126
    6.1.1 虹膜图像质量评估原理 126
    6.1.2 虹膜图像质量评估的 C++实现 129
    6.1.3 虹膜图像质量评估的 Python 实现 132

6.2 虹膜图像特征提取与匹配 133
    6.2.1 虹膜图像特征提取算法 133
    6.2.2 虹膜图像特征匹配算法 137
    6.2.3 虹膜图像特征提取与匹配的 C++实现 138
    6.2.4 虹膜图像特征提取与匹配的 Python 实现 142

6.3 本章小结 145

第 7 章 虹膜图像采集与定位显示

7.1 虹膜图像采集 146
    7.1.1 虹膜图像采集设备简介 146
    7.1.2 虹膜图像采集的 C++实现 147
    7.1.3 虹膜图像采集的 Python 实现 153

7.2 虹膜图像定位显示的 Python 实现 155

7.3 本章小结 157

第 8 章 基于 PyQt 的虹膜识别门禁系统

- 8.1 EAIDK-310-P20 实验平台 ······ 158
  - 8.1.1 EAIDK-310-P20 设备简介 ······ 159
  - 8.1.2 EAIDK-310-P20 的门禁开关控制 ······ 160
  - 8.1.3 EAIDK-310-P20 的语音控制 ······ 162
  - 8.1.4 基于 PyQt 的虹膜识别门禁系统的架构 ······ 162
- 8.2 虹膜识别门禁系统的核心模块 ······ 163
  - 8.2.1 核心模块的功能代码 ······ 164
  - 8.2.2 核心模块的功能流程 ······ 171
- 8.3 虹膜图像采集与预览子系统 ······ 172
  - 8.3.1 PyQt 界面设计 ······ 172
  - 8.3.2 代码设计 ······ 174
- 8.4 虹膜注册子系统 ······ 175
  - 8.4.1 PyQt 界面设计 ······ 175
  - 8.4.2 代码设计 ······ 178
- 8.5 虹膜识别子系统 ······ 181
  - 8.5.1 PyQt 界面设计 ······ 181
  - 8.5.2 代码设计 ······ 182
- 8.6 本章小结 ······ 184

第 9 章 智能音箱

- 9.1 环境配置 ······ 185
  - 9.1.1 安装 VLC 库 ······ 185
  - 9.1.2 播放测试音频 ······ 185
  - 9.1.3 查询设备节点 ······ 186
- 9.2 语音识别 ······ 186
  - 9.2.1 编写程序 ······ 187
  - 9.2.2 编译 ······ 189
  - 9.2.3 运行程序 ······ 189
- 9.3 自然语言处理 ······ 190
- 9.4 语音合成 ······ 191
- 9.5 制作智能音箱 ······ 193
- 9.6 本章小结 ······ 195

参考文献 ······ 196

第 1 章 基础知识

学习目标

（1）了解嵌入式人工智能的基本概念及其与通用人工智能之间的关系。
（2）熟练掌握使用 SSH 和 VNC 实现计算机连接开发板的基本方法。
（3）掌握 Linux 文件系统与常用命令的使用方法。
（4）了解 EAIDK-310 固件烧录的方法。

人工智能（artificial intelligence，AI）产业作为"新基建"领域之一，与电子信息产业、互联网产业尽管在发力领域有所差异，但存在交叉关系，也有较多共通的地方。

（1）都是国际竞争的焦点。
（2）能够承担发展引擎功能，具有普适性，能为大多数企业孵化出新业务。
（3）能够为创建美好生活提供抓手。

从时间轴来看，我国电子信息产业从 20 世纪 60 年代萌芽到起步用时 30 年，从起步到成熟用时 11 年；互联网产业从 1994 年萌芽到起步用时 14 年，从起步到成熟用时 8 年；人工智能产业从 2015 年萌芽到起步用时 4 年，2019 年进入起步期，预计到成熟期需要 10 年时间。因此，2019—2029 年将是人工智能产业竞争的重要窗口期。

1.1 嵌入式人工智能概述

嵌入式人工智能概述

嵌入式人工智能（embedded artificial intelligence，EAI）是以微控制器（microcontroller unit，MCU）或微处理器（microprocessor unit，MPU）为核心，能够运行基本学习或推理算法，融合传感器采样、滤波处理、边缘计算、通信及执行等功能于一体的嵌入式计算机系统。机器学习理论与算法的发展、嵌入式芯片性能的提高、嵌入式智能终端的市场需求等因素共同造就了 EAI 出现的时机。

一般意义上的人工智能（general artificial intelligence，GAI），也可称为通用人工智能或普适人工智能，是以通用计算机为运行载体进行学习与推理的系统。而 EAI 是以嵌入式计算机为运行载体进行学习与推理的系统。

可以类比通用计算机与嵌入式计算机来理解 GAI 与 EAI 之间的异同。

1.2　EAIDK-310 快速入门

EAIDK-310
快速入门

EAIDK（embedded artificial intelligence development kit）是全球首个采用 Arm 架构的 AI 开发平台，是由开放智能（OPEN AI LAB）、安谋科技（Arm China）、瑞芯微联合推出，专为 AI 开发者精心打造，面向边缘计算的 AI 开发套件。EAIDK-310 开发板正面布局如图 1.1 所示。

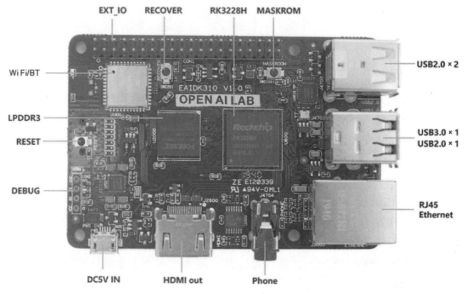

图 1.1　EAIDK-310 开发板正面布局

EAIDK-310 主控芯片为瑞芯微 RK3228H，它采用四核 64 位 Arm Cortex-A53 处理器。EAIDK-310 预先安装了 Fedora 28 操作系统及轻量级桌面环境 LXDE，开箱即用，默认开启了 SSH 服务端，初始账户的用户名和密码均为 openailab。

如果不想全程使用外接显示器，可以将开发板的操作系统设置为自动登录，这样开发板将会自动连接 WiFi。在同一局域网下，开发板就可以在计算机上使用 SSH 或 VNC 远程连接，进入开发板的命令行界面或图形界面。

1.2.1　连接 WiFi

开发板连接 WiFi 的过程如下。

（1）通过 USB 接口连接鼠标和键盘，通过 HDMI 接口连接显示器，通过 Micro USB 接口连接电源（5V2A），启动 EAIDK-310，出现登录界面，如图 1.2 所示。

（2）输入用户名和密码，本例中用户名和密码均为 openailab。

（3）单击右下角网络连接图标，再单击需要连接的 WiFi，输入 WiFi 密码，单击"Connect"按钮，连接成

图 1.2　登录界面

功，如图 1.3 所示。

（4）右击右下角网络连接图标，出现如图 1.4 所示的网络连接菜单。

图 1.3　连接 WiFi 成功

图 1.4　网络连接菜单

（5）选择 Connection Information 命令，出现网络连接信息，如图 1.5 所示。

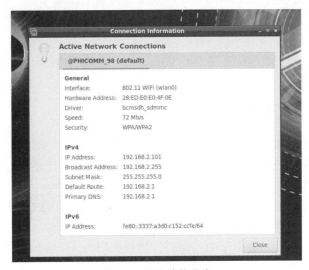

图 1.5　网络连接信息

（6）记录 EAIDK-310 的 IP 地址，图 1.5 所示的 IP 地址为 192.168.2.101。

1.2.2　自动登录

由于进入桌面后 WiFi 才会自动连接，因此需要设置自动登录，步骤如下。

（1）单击左下角 LXTerminal 图标（屏幕为黑色的小电脑图标），打开命令行界面，输入命令"sudo vim /etc/lxdm/lxdm.conf"，打开配置文件。

（2）在 vim 编辑器中找到 autologin，取消注释，改为"autologin=openailab"，如图 1.6 所示。

（3）按 Esc 键，切换到 vim 命令模式，输入":w"，如图 1.7 所示。

图 1.6　修改 autologin

图 1.7　切换到 vim 命令模式

vim 的部分保存命令如下：
- :w，保存文件但不退出 vi；
- :w file，将修改另存到 file 中，不退出 vi；
- :wq，保存文件并退出 vi；
- :q，不保存文件，退出 vi。

（4）按回车键保存文件，vim 编辑器显示如图 1.8 所示的信息。

图 1.8　保存修改内容

这样，在每次开机时，开发板将自动登录桌面并自动连接 WiFi。

1.2.3　使用 SSH 连接开发板

经过上述配置，开发板成功连接上了 WiFi，同一局域网内的计算机可以使用 SSH 连接开发板，进入命令行界面。

1．使用命令行方式连接开发板

使用命令行方式连接开发板的步骤如下。

（1）右击 Windows "开始"菜单，执行"运行"命令，在"打开"文本框中输入"cmd"，然后单击"确定"按钮。

（2）在出现的 cmd 窗口中输入命令，如"ssh openailab@192.168.2.101"（@符号前的 openailab 是登录账户的用户名），并按回车键确定。

（3）执行上述命令后，会提示输入密码，初始密码为 openailab。在输入密码的过程中没有任何显示，输入完成后按回车键确定。

（4）若出现提示信息"Web console: https://localhost:9090/"或"https://192.168.2.101:9090/"，则说明已经成功连接到开发板，如图 1.9 所示。

图 1.9　SSH 命令行连接成功

2．使用 PuTTY 工具连接开发板

PuTTY 是一款免费的 Telnet、SSH、rlogin 远程登录工具。使用 PuTTY 连接开发板的步骤如下。

（1）在计算机上运行 PuTTY，输入开发板的 IP 地址，如图 1.10 所示。

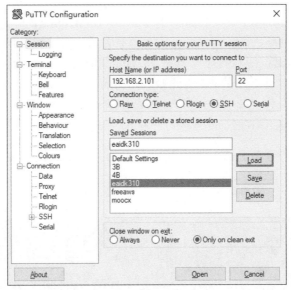

图 1.10 运行 PuTTY

（2）单击"Open"按钮，在出现的命令行窗口中输入用户名和密码。连接成功后，显示如图 1.11 所示的信息。

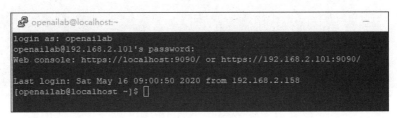

图 1.11 连接成功

1.2.4 使用 VNC 连接开发板

SSH 通过命令行界面连接开发板；如果要进入开发板的图形界面，可以使用 VNC 进行连接。首先需要在开发板上安装 VNC Server，然后启动 VNC Server，具体步骤如下。

（1）输入命令"sudo dnf install tigervnc-server"，安装 VNC Server，如图 1.12 所示。

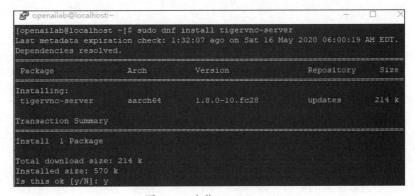

图 1.12 安装 VNC Server

在 EAIDK 上使用 dnf install 命令安装软件时出现"Error: Failed to synchronize cache for repo 'updates'"问题的解决办法（可能是由于源服务器 DNS 解析问题）：
- 复制本书提供的 change_port.sh 文件到 Home Folder；
- 给脚本添加可执行权限，在命令行中输入"chmod +x change_port.sh"；
- 执行脚本，在命令行中输入"sudo ./change_port.sh"；
- 执行成功后，重启 EAIDK，在命令行中输入"reboot"。

（2）系统询问是否安装，输入"y"并按回车键。出现如图 1.13 所示的提示，说明安装成功。

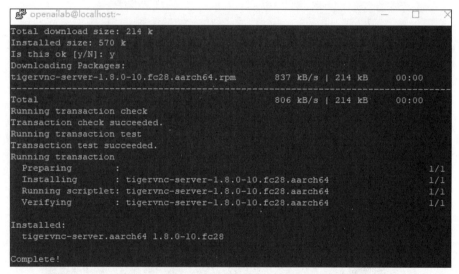

图 1.13　安装成功

（3）安装完 VNC Server 后，输入"vncserver"并按回车键，在开发板上开启 VNC 服务。首次开启 VNC Server 时，系统将会询问是否需要设置 VNC 密码，这里的密码可以和登录账户的密码不一样。输入密码后再确认一次密码即可，如图 1.14 所示。

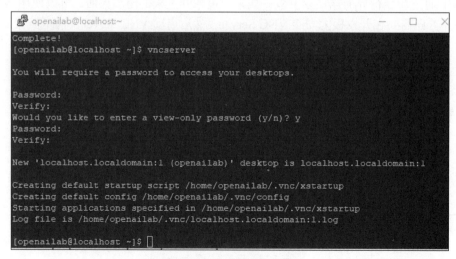

图 1.14　设置 VNC 密码

（4）注意图 1.14 中提示信息的最后一行"Log file is /home/openailab/.vnc/localhost.localdomain:1.log"中 localhost.localdomain 后的数字，它代表此次 VNC Server 创建的桌面编号，本例中的编号为 1。

（5）打开计算机上的 VNC 客户端，如 VNC Viewer，输入开发板的 IP 地址及桌面编号，并以冒号"："分隔，如 192.168.2.101:1，如图 1.15 所示。

（6）单击"Connect"按钮，出现图 1.16 所示的提示信息。

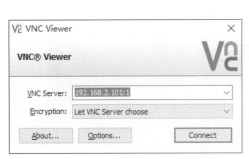

图 1.15　打开 VNC 客户端

图 1.16　提示信息

（7）单击"Continue"按钮，出现如图 1.17 所示的界面，输入 VNC 密码。

（8）单击"OK"按钮，若密码正确即可连接开发板，进入其图形界面，如图 1.18 所示。

图 1.17　输入 VNC 密码

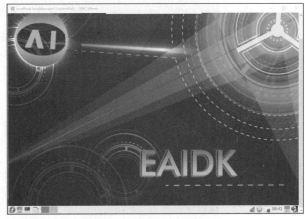

图 1.18　开发板的图形界面

复习思考题

（1）有什么工具软件既可以实现命令行操作，又可以实现图形界面操作？

（2）使用 MobaXterm 尝试本节操作。

1.3　Linux 文件系统与常用命令

Linux 文件系统与常用命令

Linux 是一套免费使用和自由传播的类 UNIX 操作系统，它继承了 UNIX 以网络为核心的设计思想，是一个多用户、多任务，支持多线程和多 CPU 的，性能稳定的操作系统。目前较知名的 Linux 发行版有 Ubuntu、Red Hat、CentOS、Debian、Fedora、SUSE、openSUSE、Arch Linux、Solus 等。

EAIDK-310 预装的是 Fedora 28 操作系统。

1.3.1 Linux 文件系统

文件系统层次标准（filesystem hierarchy standard，FHS）规定了 Linux 系统中所有一级目录及部分二级目录（如/usr 和/var）的用途。此标准发布的主要目的就是让用户清楚地了解每个目录应该存放什么类型的文件。

EAIDK-310 树状目录结构如图 1.19 所示，目录列表如图 1.20 所示。

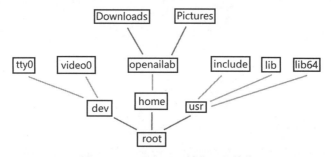

图 1.19　EAIDK-310 树状目录结构

图 1.20　EAIDK-310 目录列表

EAIDK-310 部分目录及其作用如表 1.1 所示。

表 1.1　EAIDK-310 部分目录及其作用

目录	作用
/root	根目录，所有目录都是由根目录衍生出来的
/dev	设备文件保存位置
/home	普通用户的主目录。创建用户时，每个用户要有一个默认保存自己数据的位置，也就是用户的主目录。所有普通用户的主目录都是在/home 目录下建立的一个和用户名相同的目录，如用户 openailab 的主目录是/home/openailab
/usr	所有系统默认的软件都存储在/usr 目录下。/usr 目录类似 Windows 系统中 C:\Windows 和 C:\Program files 两个目录的综合体
/bin	存放系统命令，普通用户和根用户（root）都可以执行。放在/bin 目录下的命令在单用户模式下也可以执行
/boot	系统启动目录，保存与系统启动相关的文件，如内核文件和启动引导程序（grub）文件等
/etc	配置文件保存位置。系统中所有采用默认安装方式（rpm 安装）的服务配置文件全部保存在此目录中，如用户信息、服务的启动脚本、常用服务的配置文件等
/lib	系统调用的函数库的保存位置
/usr/bin	存放系统命令，普通用户和根用户都可以执行。这些命令和系统启动无关，在单用户模式下不能执行
/usr/lib	应用程序调用的函数库的保存位置
/usr/sbin	存放根文件系统不必要的系统管理命令，如多数服务程序，只有根用户可以使用
/usr/include	C/C++ 等编程语言头文件的保存位置

1.3.2　Linux 常用命令

下面是 Linux 系统中一些经常使用的命令。

（1）显示当前目录：pwd。

（2）改变当前目录：cd；进入上级目录：cd ..；进入根目录：cd /。

路径包括绝对路径与相对路径。

绝对路径：从根目录/写起，例如，"/usr/share/doc"。

相对路径：不从/写起，例如，从当前目录 /usr/share/doc 到目录/usr/share/man，可以写成"cd ../man"（即从当前目录 doc 返回到上级目录 share，然后从 share 到下级目录 man）。

（3）列出当前目录中的文件：ls。

（4）以树状图列出目录的内容：tree。

可以通过"tree -L level"命令限制目录显示层级，如"tree -L 1"。

图 1.20 就是执行 ls 和 tree 命令的一个例子。

（5）创建、提取 tar 压缩文件：tar。

例如，把 aaa.txt、bbb.txt、ccc.txt 打包压缩为一个名叫 xxx.tar.gz 的压缩文件，在命令行中输入"tar -zcvf xxx.tar.gz aaa.txt bbb.txt ccc.txt"。

把 xxx.tar.gz 解压缩到根目录下的 usr 目录，在命令行中输入"tar -xvf xxx.tar.gz -C/usr"（-C 代表解压的位置）。

（6）以 root 身份运行：sudo。

（7）显示帮助：man。

在命令行中输入"man sudo"并按回车键，就会出现关于 sudo 命令的帮助信息。

（8）RPM 软件包管理器：dnf。

DNF 首次出现在 Fedora 18 中，现在已取代 yum 正式成为 Fedora 22 的包管理器。
- 查看系统中 DNF 包管理器的版本，在命令行中输入"dnf –version"（连续两个"-"）；
- 安装软件包，在命令行中输入"sudo dnf install xxxxxx"；
- 更新指定软件包，在命令行中输入"sudo dnf update xxxxxx"；
- 更新所有已安装软件，在命令行中输入"sudo dnf upgrade"；
- 删除软件包，在命令行中输入"sudo dnf remove xxxxxx"。

- 按方向键↑，可以调出以前用过的命令；
- 按 Ctrl+C 组合键，可以中断命令或者任务；
- 按 Ctrl+Shift+C 组合键进行复制；
- 按 Ctrl+Shift+V 组合键进行粘贴；
- 按 Tab 键可以实现命令或路径等的补全；
- 清空回收站中的文件，在命令行中输入"sudo rm -fr $HOME/.local/share/Trash/files/*"；
- 使用 Flameshot 等软件可以进行屏幕截图（安装命令为"sudo dnf install flameshot"）。

复习思考题

了解更多的 Linux 命令及快捷键并进行尝试。

1.4 EAIDK-310 固件烧录

EAIDK 310
固件烧录

本书使用的固件是 EAIDK310_V1.1.5。

1．安装驱动

首次烧录前需要安装 Windows PC 端 USB 驱动。

双击 DriverAssitant_v4.5\DriverInstall.exe 打开安装程序，安装界面如图 1.21 所示。单击"驱动安装"按钮，按提示安装驱动即可。

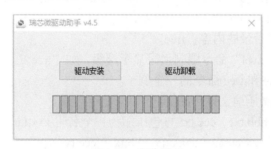

图 1.21　安装界面

2．烧录固件

驱动安装完成后，烧录固件的步骤如下。

（1）用 Micro-USB 数据线连接 PC 端的 USB 接口和 EAIDK-310 开发板的 Micro-USB 接口。

（2）运行烧录工具 AndroidTool.exe。

（3）在界面上右击，出现图 1.22 所示的快捷菜单。

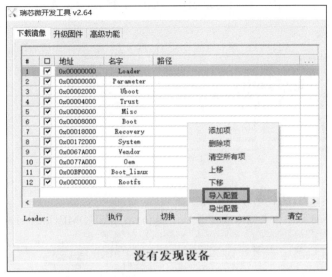

图 1.22　快捷菜单

（4）选择"导入配置"命令，在烧录工具的文件夹下选择 config_linux_310，如图 1.23 所示。

图 1.23　选择 config_linux_310

（5）长按开发板 RECOVER 键的同时短按 RESET 键，直到系统进入 LOADER 模式，如图 1.24 所示，显示发现一个 LOADER 设备。

图 1.24　显示发现一个 LOADER 设备

（6）单击上图中每行右侧的"..."列，选择 EAIDK310_V1.1.5 固件中对应的文件。
（7）单击"执行"按钮，开始烧录固件，如图 1.25 所示，表示烧录成功。

图 1.25　烧录成功

1.5　本章小结

本章主要介绍了如何通过 WiFi 连接开发板并实现自动登录，如何在计算机上使用 SSH 或 VNC 连接开发板，以及 Linux 文件系统的目录结构和常用命令的使用方法，并介绍了如何进行 EAIDK-310 的固件烧录，为读者学习后续章节奠定了基础。

第 2 章 视频采集

学习目标

（1）了解 OpenCV 的基本概念。
（2）熟练掌握图像读写和视频采集的 Python 实现方法。
（3）掌握 Qt 的安装和使用。
（4）熟练掌握 PC 端和 EAIDK 端视频采集的 C++ 实现方法。

开源计算机视觉库（open source computer vision library，OpenCV）是一个基于 BSD 许可（开源）发行的跨平台计算机视觉库，它实现了图像处理和计算机视觉方面的很多通用算法，已经成为计算机视觉领域最有力的研究工具之一。

OpenCV 的底层由 C 和 C++ 编写，轻量且高效。OpenCV 可以运行在多种操作系统上（如 Linux、Windows、macOS、Android、iOS 等），同时提供了多种编程语言的应用程序接口（application programming interface，API）。

OpenCV 的应用领域包括机器人视觉、模式识别、机器学习等，应用场景包括工厂自动化生产线产品检测、医学影像、摄像机标定、遥感图像等。

OpenCV 可以解决的问题包括人机交互、机器人视觉、运动跟踪、图像分类、人脸识别、物体识别、特征检测、视频分析、深度图像等。

2.1 视频采集的 Python 实现

和很多开源软件一样，OpenCV 也提供了完善的 Python 接口，调用非常方便。

视频采集的 Python 实现

EAIDK 默认安装了 Python 和 OpenCV。执行命令 "python3"，可以查看 Python 的版本；先后执行命令 "import cv2" 和 "cv2.__version__"，可以查看 OpenCV 的版本；执行命令 "quit()"，则返回，如图 2.1 所示。

图 2.1　查看 Python 及 OpenCV 的版本

- 默认安装的 Python 版本为 3.6.5；
- 下画线"__"为连续两个英文符号"_"；
- 若没有安装 OpenCV，针对 EAIDK-310 和 EAIDK-610 的 Fedora 系统，可通过 yum 或 dnf 命令进行安装，执行命令"sudo yum install opencv opencv-devel"或"sudo dnf install opencv opencv-devel"；
- OpenCV 的 Python 接口也可以通过 yum 命令安装，执行命令"sudo yum install opencv-python"；
- 安装完成后可按图 2.1 所示查询 OpenCV 和 Python 库是否安装成功。

复习思考题

OpenCV 包含哪些模块，每个模块都有哪些功能？

2.1.1 图像读写

编写程序 img1.py，代码如下。

```
1.  import cv2
2.  img=cv2.imread('test.jpg',0)
3.  cv2.imshow('image',img)
4.  cv2.waitKey(0)
5.  cv2.destroyAllWindows()
```

当 img1.py 所在目录下有对应的图片文件 test.jpg 时，执行命令"python3 img1.py"，则显示图像，如图 2.2 所示。

图 2.2　显示图像

1．图像的读取

程序 img1.py 使用函数 cv2.imread('test.jpg',0)读取图像。这幅图像所在目录应该与程序所在目录一致，否则应在函数第 1 个参数中给出完整路径；第 2 个参数告诉函数应该如何读取这幅图片，值为 1 时表示以彩色模式读取（默认），值为 0 时表示以灰度模式读取，值为-1 时表示读取图像时包含 alpha 通道信息。

2．图像的显示

函数 cv2.imshow('image',img)用于显示图像，显示窗口自动调整为图像大小。它的第 1 个参数是窗口的名字，第 2 个参数是待显示的图像的句柄。若单独执行此函数，显示窗口会一闪而过，因此需要配合如下技巧。

cv2.waitKey()是键盘绑定函数，它具有毫秒级时间尺度。执行到此函数时，程序将等待特定的几毫秒，此时如果按下任意键，函数会返回该键的 ASCII 码值，然后程序继续运行；如果没有键盘输入，函数将返回-1；如果设置函数参数为 0，它将会无限期地等待键盘输入。函数 cv2.destroyAllWindows()用于删除建立的所有窗口，如果在括号内输入想删除的窗口名，如 cv2.destroyWindow('image')，就可以删除 image 窗口。

3．图像的保存

函数 cv2.imwrite()用于保存图像，它的第 1 个参数是保存的文件名，第 2 个参数是待保存的图像的句柄。

修改 img1.py 为 img2.py，代码如下。

```
1.  import cv2
2.  img=cv2.imread('test.jpg',0)
3.  cv2.imshow('image',img)
4.  k = cv2.waitKey(0)&0xFF
5.  if k == 27:
6.      cv2.destroyAllWindows()
7.  elif k == ord('s'):
8.      cv2.imwrite('testgray.png',img)
9.      cv2.destroyAllWindows()
```

运行程序，按 S 键则程序保存图像后退出，按下 Esc（ASCII 码值为 27）键则不保存图像并退出。

复习思考题

了解并尝试 OpenCV 的图像处理方法，如灰度变换、几何变换、滤波、镜像等。

2.1.2　视频捕获

OpenCV 为使用摄像头捕获实时图像提供了一个非常简单的接口。本例使用摄像头捕获一段视频，并把它转换成灰度视频显示出来。

1．实时视频捕获

编写程序 video1.py，通过 USB 摄像头实时捕获视频，代码如下。

```
1.   import cv2
2.   import time
3.   camera = cv2.VideoCapture(0)
4.   while True:
5.       ret, frame = camera.read()
6.       cv2.imshow("EAIDK opencv", frame)
7.       print(time.time())
8.       if cv2.waitKey(1) & 0xFF == ord('q'):
9.           break
10.  camera.release()
11.  cv2.destroyAllWindows()
```

为了捕获视频，首先创建一个 VideoCapture 对象。它的参数可以是设备的索引号，或者是一个视频文件。设备索引号用于指定要使用的摄像头，0 表示默认的摄像头。当设备有多个摄像头时，可以改变参数来选择不同的摄像头，读取其视频流。

- V4L2（Video For Linux Two）是 Linux 中关于视频设备的内核驱动；
- 在 Linux 中，视频设备被抽象为设备文件，可以像访问普通文件一样对其进行读写；
- 如果不知道开发板的摄像头信息，可以用命令"ls /dev/video*"查询所有端口。

函数 camera.read() 是按帧读取视频，它会返回两个值：ret 和 frame。ret 是布尔值，如果正确地读取到帧，则返回 True，如果读取到文件结尾，则返回 False；frame 是该帧图像的 RGB 三维矩阵。camera.read() 无参数，需放在死循环中不断读取形成视频。

函数 camera.release() 无参数，用于关闭摄像头。程序关闭之前务必关闭摄像头，释放资源。

执行命令"python3 video1.py"，显示摄像头实时捕获的画面，如图 2.3 所示。

图 2.3　捕获视频

2．添加 Python 解释器路径

修改 video1.py 为 video2.py，代码如下。

```
#!/usr/bin/python3
1.  import cv2
2.  import time
3.  camera = cv2.VideoCapture(0)
4.  camera.set(cv2.CAP_PROP_FRAME_WIDTH, 640)
5.  camera.set(cv2.CAP_PROP_FRAME_HEIGHT, 480)
6.  if not camera.isOpened():
7.      print("usb camera opened failed")
8.  while True:
9.      ret, img = camera.read()
10.     if img is not None:
11.         cv2.imshow("EAIDK opencv", img)
12.         if cv2.waitKey(30) & 0xFF == ord('q'):
13.             break;
14. cv2.destroyAllWindows()
15. camera.release()
```

代码"#!/usr/bin/python3"告诉操作系统执行这个程序的时候，调用 /usr/bin 目录下的

Python 解释器。这句代码规定了 Python 解释器的路径，即一定是找到/usr/bin 目录下的解释器来运行程序。如果用户没有将 Python 安装在默认的/usr/bin 目录下，操作系统就会找不到解释器。为了避免上述问题，更好的方式是改用代码"#!/usr/bin/env/python3"。当系统遇到这一行代码的时候，首先会到 env 设置里查找 Python 的安装路径，再调用对应路径下的解释器来运行程序完成操作。

代码"CV_CAP_PROP_FRAME_WIDTH"和"CV_CAP_PROP_FRAME_HEIGHT"定义视频流中帧的宽度和高度。

如果摄像头没有连接好，则显示信息"usb camera opened failed"。

3．添加类

修改 video2.py 为 video3.py，代码如下。

```
1.   import cv2 as cv
2.   import time
3.   class camera:
4.       WIDTH = 640
5.       HEIGHT = 480
6.       def __init__(self):
7.           self.__camera = cv.VideoCapture(0)
8.           self.__camera.set(cv.CAP_PROP_FRAME_WIDTH, __class__.WIDTH)
9.           self.__camera.set(cv.CAP_PROP_FRAME_HEIGHT, __class__.HEIGHT)
10.          if self.__camera.isOpened() == False:
11.              print("camera open failed")
12.      def getImg(self):
13.          ret, img = self.__camera.read()
14.          return img
15.      def stop(self):
16.          cv.destroyAllWindows()
17.          self.__camera.release()
18.      def start(self):
19.          pass
20.  if __name__ == '__main__':
21.      cam = camera()
22.      cam.start()
23.      while True:
24.          img = cam.getImg()
25.          cv.imshow("EAIDK opencv", img)
26.          if cv.waitKey(30) & 0xFF == ord('q'):
27.              break;
28.      cam.stop()
```

在 Python 中，所有数据类型都可以视为对象，当然也可以自定义对象。自定义对象的数据类型就是面向对象中类（class）的概念。

（1）__init__

程序中，__init__是每个类都有的特殊方法，该方法在创建或"初始化"类的实例时会被调用。所有类都有一个名为__init__()的函数，它始终在启动类时执行。通过它可以给对象属性赋值，或者执行在创建对象时需要执行的其他操作。

（2）__main__

对于很多编程语言来说，程序都必须要有一个入口，比如 C/C++，以及完全面向对象的编程语言 Java、C# 等。C 和 C++ 都需要有一个 main()函数来作为程序的入口，也就是说程序的运行会从 main()函数开始。同样，Java 和 C# 必须要有一个包含 main()方法的主类来作为程序入口。

而 Python 则不同，它属于脚本语言，不像编译型语言那样，需要先将程序编译成二进制代码再运行，而是动态地逐行解释运行。也就是说，Python 程序会从脚本第 1 行开始运行，没有统一的入口。

代码 "if __name__ == '__main__'" 相当于 Python 模拟的程序入口。Python 本身并没有规定这么写，这只是一种编码习惯。由于模块之间相互引用，不同模块可能都有这样的定义，而程序入口只能有一个。到底哪个入口被选用取决于 __name__ 的值。

4．多线程编程

程序开发时避免不了要处理并发的情况。并发的手段一般有多进程和多线程两种，线程比进程更轻量化，系统开销一般也更低，所以一般倾向于用多线程的方式处理并发的情况。

进程（process）是系统进行资源分配和调度的基本单位，每个进程都有独立的代码和数据空间（程序上下文），因此它们之间的资源分配和调度也相互独立。同时运行多个进程，能够最大化利用多核 CPU 的资源，提升运行速度。

线程（thread）是操作系统能够进行运算调度的最小单位。但对于 Python 来说，由于存在 GIL 全局解释器锁，它使得一个 CPU 同一时刻只能执行一个线程，因此 Python 的多线程更像是伪多线程，一个线程运行时，其他线程阻塞，多线程代码不是同时执行，而是交替执行。

进程和线程最重要的区别是：多线程的内存是共享的，多进程的内存是独立的。

Python 提供了多个模块来支持多线程编程，包括 thread、threading 和 Queue 模块等。可以使用 thread 和 threading 模块来创建与管理线程。thread 模块提供了基本的线程和锁定支持；而 threading 模块提供了更高级别、功能更全面的线程管理，能确保重要的子线程退出后进程才退出。

threading 模块的核心是 Thread 类。每个 Thread 对象代表一个线程，通过创建并运行 Thread 对象，让程序在每个线程中处理不同的任务，这就是多线程编程。

有两种方式来创建线程。一种方式是直接创建 Thread 对象。

编写程序 treading1.py，代码如下。

```
1.  import threading
2.  import time
3.  def test():
4.      for i in range(5):
5.          print('test ',i)
6.          time.sleep(1)
7.  thread = threading.Thread(target=test)
8.  thread.start()
9.  for i in range(5):
10.     print('main ', i)
11.     time.sleep(1)
```

◆ Thread 对象的构造方法中，最重要的参数是 target，将一个可调用（callable）对象赋值给它，线程才能正常运行；

◆ 如果要启动一个 Thread 对象，调用 start() 方法就可以了。

运行程序，在主线程上输出 5 次 "main"，在一个子线程上输出 5 次 "test"。

另一种方式是创建一个 threading.Thread 对象，在它的初始化函数 __init__() 中将可调用对象作为参数传入。编写程序 treading2.py，代码如下。

```
1.  import threading
2.  import time
3.  class TestThread(threading.Thread):
4.      def __init__(self,name=None):
5.          threading.Thread.__init__(self,name=name)
6.      def run(self):
7.          for i in range(5):
8.              print(threading.current_thread().name + ' test ', i)
9.              time.sleep(1)
10. thread = TestThread(name='TestThread')
11. thread.start()
12. for i in range(5):
13.     print(threading.current_thread().name+' main ', i)
14.     print(thread.name+' is alive ', thread.is_alive())
15.     time.sleep(1)
```

复习思考题

了解更多多线程编程的方法并进行尝试。

5．最终程序

修改 video3.py 为 video4.py，代码如下。

```
1.  import cv2 as cv
2.  import threading
3.  import time
4.  class camera:
5.      WIDTH = 640
6.      HEIGHT = 480
7.      FREQ = 30
8.      def __init__(self):
9.          self.__camera = cv.VideoCapture(0)
10.         self.__camera.set(cv.CAP_PROP_FRAME_WIDTH, __class__.WIDTH)
11.         self.__camera.set(cv.CAP_PROP_FRAME_HEIGHT, __class__.HEIGHT)
12.         if self.__camera.isOpened() == False:
13.             print("camera open failed")
14.         self.__stop = True
15.         self.__thread = None
16.         self.__img = None
17.     def getImg(self):
18.         return self.__img
19.     def __run(self):
20.         while self.__stop == False:
21.             ret, self.__img = self.__camera.read()
22.             time.sleep(1 / 30)
23.     def stop(self):
24.         if self.__stop == True:
25.             return
26.         self.__stop = True
```

```
27.        if self.__thread == None:
28.            return
29.        self.__thread.join()
30.        self.__thread = None
31.        cv.destroyAllWindows()
32.        self.__camera.release()
33.    def start(self):
34.        self.__thread = threading.Thread(target = self.__run)
35.        self.__stop = False
36.        self.__thread.start()
37. if __name__ == '__main__':
38.     cam = camera()
39.     cam.start()
40.     while True:
41.         img = cam.getImg()
42.         if img is None:
43.             time.sleep(1 / 30)
44.             continue
45.         cv.imshow("EAIDK opencv", img)
46.         if cv.waitKey(30) & 0xFF == ord('q'):
47.             break;
48.     cam.stop()
```

join()方法：
- join()方法的功能是在程序指定位置，优先让该方法的调用者使用 CPU 资源；
- 语法格式为 thread.join([timeout]);
- timeout 参数是可选参数，它指定 thread 线程最多可以占用 CPU 资源的时间（以秒为单位）；
- 如果省略 timeout 参数，默认直到 thread 执行结束（进入死亡状态）才释放 CPU 资源。

请保存好 video4.py，后续章节会调用该程序。

复习思考题

对比程序 video1.py ~ video4.py，体会专业的程序编写方式。

2.2 视频采集的 C++ 实现（PC 端）

视频采集的 C++ 实现（PC 端）

Qt 是一个跨平台的 C++ 开发库，主要用来开发图形用户界面（graphic user interface，GUI）程序，当然也可以开发不带图形界面的命令行界面（command-line interface，CLI）程序。

Qt 除了可以绘制漂亮的界面（包括控件、布局、交互），还内置了很多其他功能，比如多线程、访问数据库、图像处理、音视频处理、网络通信、文件操作等。

Qt 存在 Python、Ruby、Perl 等脚本语言的绑定，可以使用这些脚本语言开发基于 Qt 的程序。

Qt 支持的操作系统很多，如通用操作系统 Windows、Linux、UNIX，智能手机操作系统 Android、iOS，嵌入式系统 QNX、VxWorks 等。

Qt 主要用于桌面程序开发和嵌入式开发，本节案例将通过 Qt 实现。

复习思考题

了解基于 Qt 开发的软件有哪些。

2.2.1 Qt 下载与安装

Qt 官网提供专门的资源下载网页，所有的开发环境和相关工具都可以从官网下载，但下载速度通常较慢。可以通过国内的 Qt 镜像网站下载，如图 2.4 所示是清华大学开源软件镜像站。

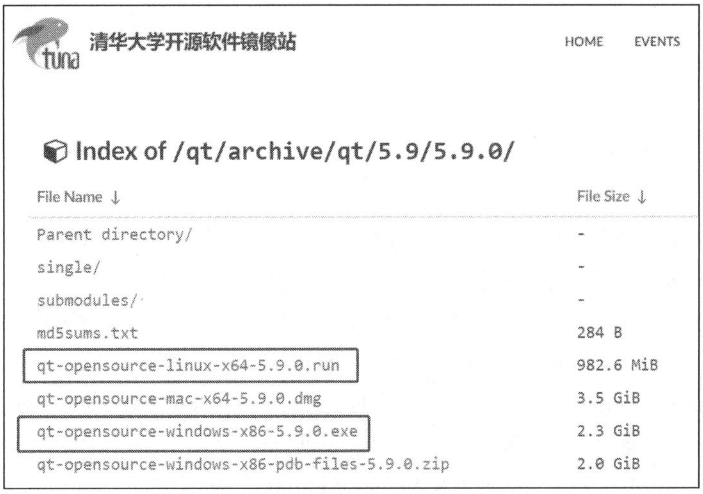

图 2.4 清华大学开源软件镜像站的 Qt 镜像

双击下载得到的 qt-opensource-windows-x86-5.9.0.exe，即可开始安装。

- 将 Qt 安装包的下载地址复制到迅雷中，如果迅雷官方有资源，就会自动识别，下载速度可以大大提高；
- 常用的 Qt 版本一般都能匹配到资源，但不保证每个版本都能匹配到资源；
- Qt 占用的存储空间很大，安装之前建议先准备好 8GB 以上的磁盘空间（对于本书使用的 Qt 5.9.0 开发环境，如果不安装源码包，大约占用 5.5GB 存储空间；如果安装源码包，大约占用 7.5GB 存储空间）；
- Qt 在安装过程中会提示用户进行注册和登录，可以不予理会，跳过即可，实际开发时不需要登录。

2.2.2 Qt 快速入门

学习一种编程语言或开发环境，通常会先编写一个"Hello World"程序。

下面用 Qt Creator 编写一个"Hello World"程序，以初步了解使用 Qt Creator 设计应用程序的基本过程，对使用 Qt Creator 编写 Qt C++ 应用程序有初步的认识。

1．新建一个项目

（1）运行 Qt Creator，执行"文件"|"新建文件或项目"，出现图 2.5 所示的对话框。

图 2.5　新建 Qt 项目

Qt Creator 可以创建多种项目，在最左侧的列表框中单击"Application"，中间的列表框就会列出可以创建的应用程序模板，各类应用程序的介绍如下。

① Qt Widgets Application，创建支持桌面平台的有 GUI 界面的应用程序。GUI 的设计完全基于 C++语言，采用 Qt 提供的一套 C++类库。

② Qt Console Application，创建控制台应用程序，无 GUI 界面。一般用于学习 C/C++语言，只需要简单的输入输出操作时就可以创建此类项目。

③ Qt Quick Application，创建可部署的 Qt Quick 2 应用程序。Qt Quick 是 Qt 支持的一套 GUI 开发架构，其界面设计采用 QML 语言，程序架构采用 C++语言。利用 Qt Quick 可以设计非常炫的用户界面，一般用于移动设备或嵌入式设备上无边框的应用程序的设计。

④ Qt Quick Controls 2 Application，创建基于 Qt Quick Controls 2 组件的可部署的 Qt Quick 2 应用程序。Qt Quick Controls 2 组件只有 Qt 5.7 及以后版本才有。

⑤ Qt Canvas 3D Application，创建 Qt Canvas 3D QML 应用程序，其界面设计也是基于 QML 语言的，并支持 3D 画布。

（2）在图 2.5 所示的对话框中选择项目类型为 Qt Widgets Application 后，单击"Choose"按钮，出现如图 2.6 所示的新建项目向导。

图 2.6　新建项目向导

（3）输入名称，选择创建路径，单击"下一步"按钮。然后选择编译工具，如图2.7所示。

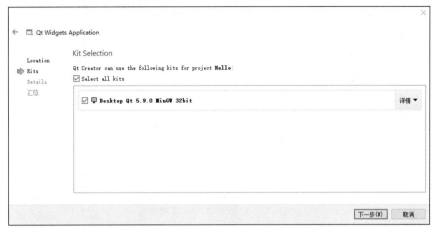

图 2.7 选择编译工具

（4）单击"下一步"按钮，出现如图 2.8 所示的选择类信息界面。在此界面中选择需要创建界面的基类（base class）。本例选择 QMainWindow 作为基类，自动更改的文件名等不用手动修改。勾选"创建界面"复选框，则会由 Qt Creator 创建用户界面文件，否则，需要手动编程创建用户界面文件。初步学习时，为了了解 Qt Creator 的设计功能，本例勾选此选项。

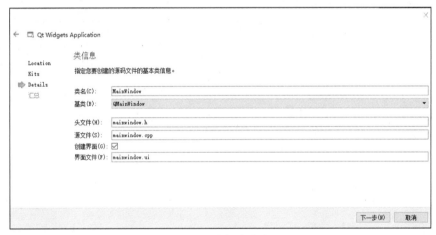

图 2.8 选择类信息

（5）单击"下一步"按钮，出现的界面中总结了需要创建的文件和文件保存目录，单击"完成"按钮，就可以完成项目的创建，进入项目管理与文件编辑界面，如图2.9所示。

图 2.9 中文件目录树的文件和分组介绍如下。

① Hello.pro：项目管理文件，是存储项目设置的文件。

② Headers 分组：该分组（也称节点）下存放项目的所有头文件（.h 文件），图 2.9 所示项目的 mainwindow.h 是所设计的窗体类的头文件，对应的 mainwindow.cpp 是 mainwindow.h 中定义类的实现文件。C++ 中，任何窗体或界面组件都是用类封装的，一个类一般有一个头文件（.h 文件）和一个源程序文件（.cpp 文件）。

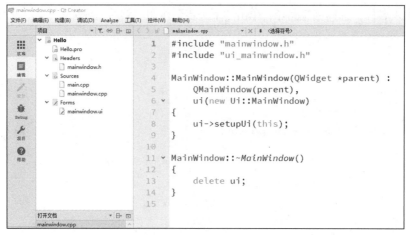

图 2.9　项目管理与文件编辑界面

③ Sources 分组：该分组下存放项目的所有 C++源文件（.cpp 文件）。图 2.9 所示的项目有两个 C++源文件，mainwindow.cpp 是主窗口类的实现文件，与 mainwindow.h 文件对应；main.cpp 是主程序入口文件，是实现 main()函数的程序文件。

④ Forms 分组：该分组下存放项目的所有界面文件（.ui 文件）。图 2.9 所示项目有一个界面文件 mainwindow.ui，它是主窗口的界面文件。界面文件是文本文件，是以 XML 格式存储的窗体上的元件及其布局的文件。

（6）双击文件目录树中的 mainwindow.ui 文件，出现图 2.10 所示的窗体设计界面。

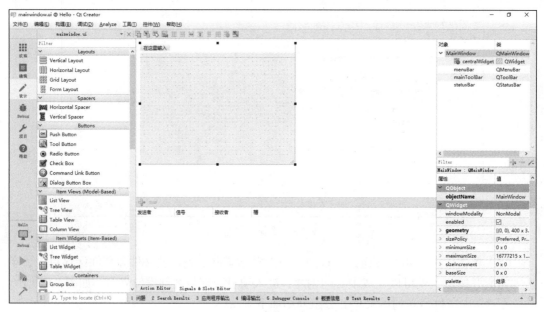

图 2.10　窗体设计界面

窗体设计界面实际上是 Qt Creator 中集成的 Qt Designer。窗口左侧是分组的组件面板，中间是设计的窗体。

（7）从组件面板的 Display Widgets 分组中，将一个 Label 组件拖放到设计的窗体中。

（8）双击刚刚放置的 Label 组件，将文字内容更改为"Hello"。

（9）在窗口右下方的属性编辑器里编辑组件的 Font 属性，将大小更改为 48，如图 2.11 所示。

图 2.11　添加 Label 组件并设置属性

（10）单击主窗口左侧工具栏上的"项目"按钮，出现如图 2.12 所示的项目编译设置界面。

图 2.12　项目编译设置界面

在设计完 mainwindow.ui 文件，并设置好编译工具之后，就可以对项目进行编译、调试或运行。主窗口左侧工具栏下方有 4 个按钮，其功能见表 2.1。

表 2.1　编译调试工具栏

图标	作用	快捷键
	弹出菜单选择编译工具和编译模式，如 Debug 或 Release 模式	
	直接运行程序。如果项目修改后未编译，会先进行编译。即使在程序中设置了断点，以此方式运行的程序也无法调试	Ctrl+R
	项目需要以 Debug 模式编译，单击此按钮开始调试运行，可以在程序中设置断点。若项目以 Release 模式编译，单击此按钮也无法进行调试	F5
	编译当前项目	Ctrl+B

（11）对项目进行编译，没有错误后，再运行程序。程序运行界面如图 2.13 所示。

图 2.13　程序运行界面

2．项目管理文件

扩展名为.pro 的文件是项目管理文件，文件名就是项目的名称。本项目中.pro 文件的代码如下。

```
1.   QT       += core gui
2.   greaterThan(QT_MAJOR_VERSION, 4): QT += widgets
3.   TARGET = Hello
4.   TEMPLATE = app
5.   SOURCES += \
6.           main.cpp \
7.           mainwindow.cpp
8.   HEADERS += \
9.           mainwindow.h
10.  FORMS += \
11.          mainwindow.ui
```

（1）QT += core gui

表示在项目中添加 core gui 模块。core gui 是 Qt 用于 GUI 设计的类库模块，如果创建的是控制台（console）应用程序，就不需要添加 core gui 模块。

Qt 类库以模块的形式组织各种功能的类，根据项目涉及的功能需求，可以在项目中添加适当的类库模块支持。例如，如果项目中用到了涉及数据库操作的类，就需要用到 sql 模块，在 pro 文件中需要增加如下一行：QT +=sql。

（2）greaterThan(QT_MAJOR_VERSION, 4): QT += widgets

条件执行语句，表示当 Qt 主版本大于 4 时，才加入 widgets 模块。

（3）TARGET = Hello

指定生成的目标可执行文件的名称，即编译后生成的可执行文件是 Hello.exe。

（4）TEMPLATE = app

指定项目使用的模板是 app，是一般的应用程序。

（5）SOURCES、HEADERS、FORMS

分别记录项目中包含的源程序文件、头文件和界面文件。这些文件列表是 Qt Creator

自动添加到项目管理文件里面的，用户不需要手动修改。当添加一个文件到项目中，或从项目中删除一个文件时，项目管理文件里的条目会自动修改。

3．界面文件

扩展名为.ui 的文件是窗体界面定义文件，它是一个 XML 文件，定义了窗口上所有组件的属性、布局，以及其信号与槽函数的关联等。

- 信号与槽（Signal & Slot）机制是 Qt 编程的基础，也是 Qt 的一大创新；
- 信号与槽用于对象间的通信：事件触发时，发送一个信号；槽则是被调用的，只有在事件触发时才能调用槽；
- 信号与槽使得在 Qt 中处理界面各组件间的交互变得更加直观和简单。

在 Qt Creator 中用 UI 设计器 Qt Designer 可视化设计的界面都是由 Qt 自动解析的，并以 XML 文件的形式保存下来。在设计界面时，只需在 UI 设计器里进行可视化设计即可，而不用管.ui 文件是怎么生成的。

给上面的例子添加关闭按钮，操作步骤如下。

（1）双击项目文件目录树中的 mainwindow.ui 文件，进入集成在 Qt Creator 中的 Qt Designer。

（2）从组件面板的 Buttons 分组里，将一个 Push Button 组件拖放到设计的窗体中。

（3）双击刚刚放置的组件，将文字内容更改为"Close"并修改其 Font 属性。

（4）切换到信号和槽编辑器（Signals & Slots Editor），如图 2.14 箭头所示。

信号和槽编辑器与动作编辑器（Action Editor）是位于设计的窗体下方的两个编辑器。信号和槽编辑器用于可视化地进行信号与槽的关联，动作编辑器用于可视化设计 Action。

（5）单击"+"按钮，设置发送者为 pushButton，信号为 clicked()，接收者为 MainWindow，槽为 close()，如图 2.15 所示。这样设置表示当按钮被单击时，执行 MainWindow 的 close() 函数，实现关闭窗口的功能。

图 2.14 Signals 和 Slots 编辑器

图 2.15 选择相关选项

- 在信号与槽编辑器中,可以选择发送信号的组件(具有用户界面的组件一般称为控件),并设置发送的是哪种信号;
- 信号就是在特定情况下发生的事件,例如 PushButton 最常见的信号就是鼠标单击时发出的 clicked()信号;
- 槽就是对信号进行响应的函数;
- 槽函数与一般函数的不同是:槽函数可以与一个信号关联,当发出信号时,关联的槽函数会被自动执行。

(6)编译、运行程序。程序运行界面如图 2.16 所示,单击 Close 按钮将关闭窗口。

图 2.16　添加 Close 按钮的程序运行界面

可以看到,在 mainwindow.ui 文件中增加了如下代码。

```
80.        <sender>pushButton</sender>
81.        <signal>clicked()</signal>
82.        <receiver>MainWindow</receiver>
83.        <slot>close()</slot>
```

4. 主函数 main()

main.cpp 是实现主函数 main()的文件,代码如下。

```
1.  #include "mainwindow.h"
2.  #include <QApplication>
3.  int main(int argc, char *argv[])
4.  {
5.      QApplication a(argc, argv);
6.      MainWindow w;
7.      w.show();
8.      return a.exec();
9.  }
```

主函数 main()是应用程序的入口。它的主要功能是创建应用程序,创建窗口,显示窗口,运行应用程序,开始应用程序的消息循环和事件处理等。

QApplication 是 Qt 的标准应用程序类。代码"QApplication a(argc, argv)"定义并创建了一个 QApplication 类的实例 a,也就是应用程序对象。

然后,代码定义了一个 MainWindow 类的变量 w。MainWindow 是本例设计的窗口的类名，定义窗口 w 后再用 w.show()显示此窗口。

最后一行代码用 a.exec()启动应用程序的执行，开始应用程序的消息循环和事件处理。

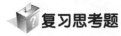复习思考题

为上述窗体添加其他组件并进行界面设计。

2.2.3 视频采集

Qt 5 的 Qt Multimedia 模块主要涵盖视频、音频、收音机及摄像头等功能支持，提供了非常多的 QML 类型和 C++类用以处理多媒体内容。Qt 5 将 Qt Multimedia 模块放在核心模块中，因此它支持所有主要平台，使用它需要在.pro 文件中添加"QT += multimedia"。

在 Qt 中使用 C++实现 USB 摄像头视频采集的步骤如下。

（1）用 Qt Creator 新建 Qt Widgets Application 项目 opencvvideo。

（2）修改.pro 文件，添加"QT +=multimedia"和"QT+=multimediawidgets"代码，如下所示。

```
7.  QT       += core gui
8.  QT       += multimedia
9.  QT       += multimediawidgets
```

（3）双击 mainwindow.ui 启动 Qt Designer，进入可视化窗体设计界面。

（4）在窗体左侧放置一个 Horizental Layout 控件，并修改对象名为 ImageView，用于显示图像预览。

（5）在右侧放置一个 Vertical Layout 控件，在其中依次放置一个 Label 控件和三个 Push Button 控件。修改 Label 控件的对象名为 ImageCapture，用于显示捕获的图像；修改 Push Button 控件的对象名分别为 buttonCapture、buttonSave 和 buttonQuit，并参考图 2.17 修改控件的显示名称。

（6）拖动控件到合适的位置，如图 2.17 所示。

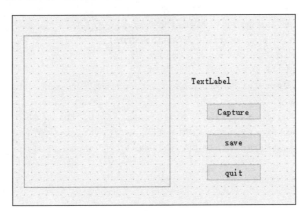

图 2.17　布局可视化界面

（7）修改文件 mainwindow.h，代码如下。

```
1.  #include <QMainWindow>
2.  #include <QCamera>
3.  #include <QCameraViewfinder>
```

```cpp
4.    #include <QCameraImageCapture>
5.    #include <QFileDialog>
6.    namespace Ui {
7.    class MainWindow;
8.    }
9.    class QCamera;
10.   class QCameraViewfinder;
11.   class QCameraImageCapture;
12.
13.   class MainWindow : public QMainWindow
14.   {
15.   Q_OBJECT
16.   public:
17.       explicit MainWindow(QWidget *parent = 0);
18.       ~MainWindow();
19.   private slots:
20.       void captureImage();
21.       void displayImage(int,QImage);
22.       void saveImage();
23.   private:
24.       Ui::MainWindow *ui;
25.       QCamera *camera;
26.       QCameraViewfinder *viewfinder;
27.       QCameraImageCapture *imageCapture;
28.   };
```

（8）修改文件 mainwindow.cpp，代码如下。

```cpp
1.    MainWindow::MainWindow(QWidget *parent) :
2.        QMainWindow(parent),
3.        ui(new Ui::MainWindow)
4.    {
5.        ui->setupUi(this);
6.        camera=new QCamera(this);
7.        viewfinder=new QCameraViewfinder(this);
8.        imageCapture=new QCameraImageCapture(camera);
9.        ui->ImageView->addWidget(viewfinder);
10.       ui->ImageCapture->setScaledContents(true);
11.       camera->setViewfinder(viewfinder);
12.       camera->start();
13.       connect(imageCapture, SIGNAL(imageCaptured(int,QImage)), this, SLOT(displayImage(int,QImage)));
14.       connect(ui->buttonCapture, SIGNAL(clicked()), this, SLOT(captureImage()));
15.       connect(ui->buttonSave, SIGNAL(clicked()), this, SLOT(saveImage()));
16.       connect(ui->buttonQuit, SIGNAL(clicked()), qApp, SLOT(quit()));
17.   }
18.   MainWindow::~MainWindow()
19.   {
20.       delete ui;
21.   }
22.   void MainWindow::captureImage()
23.   {
24.       ui->statusBar->showMessage(tr("capturing..."), 1000);
25.       imageCapture->capture();
26.   }
```

```
27.     void MainWindow::displayImage(int , QImage image)
28.     {
29.     ui->ImageCapture->setPixmap(QPixmap::fromImage(image));
30.     ui->statusBar->showMessage(tr("capture OK!"), 5000);
31.     }
32.     void MainWindow::saveImage()
33.     {
34.     QString fileName=QFileDialog::getSaveFileName(this, tr("save file"), QDir::homePath(), tr("jpegfile(*.jpg)"));
35.     if(fileName.isEmpty()) {
36.     ui->statusBar->showMessage(tr("save cancel"), 5000);
37.     return;
38.     }
39.     const QPixmap* pixmap=ui->ImageCapture->pixmap();
40.     if(pixmap) {
41.     pixmap->save(fileName);
42.     ui->statusBar->showMessage(tr("save OK"), 5000);
43.     }
44.     }
```

（9）编译、运行程序，最终运行结果如图 2.18 所示。

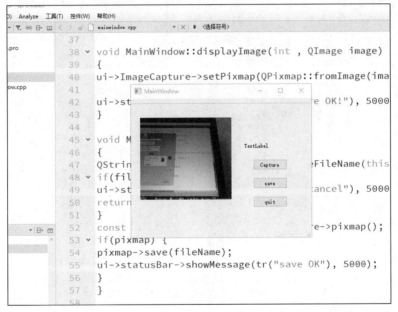

图 2.18　最终运行结果

复习思考题

修改界面中的组件，实现视频采集。

2.3 视频采集的 C++ 实现（EAIDK 端）

在 PC 端实现了视频采集后，只要在 EAIDK 端安装 Qt，就可以直接使用 PC 端的项目了（当然也可以在 EAIDK 的 Qt 中直接新建项目），实

视频采集的 C++ 实现（EAIDK 端）

现步骤如下。

（1）安装 Qt 5、Qt Creator 及其他依赖库，执行命令"sudo dnf install qt5 qt-creator qt5-qtmultimedia-devel"，安装过程如图 2.19 所示。

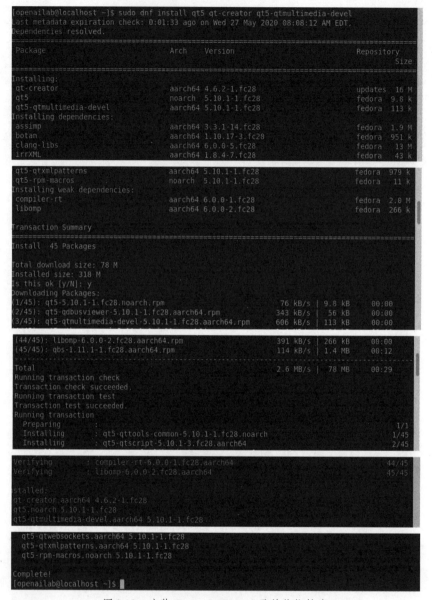

图 2.19　安装 Qt 5、Qt Creator 及其他依赖库

（2）安装谷歌开源序列化框架 protobuf，执行命令"sudo dnf install protobuf-devel"。

（3）安装完成后，在 Programming 中出现 Qt Creator，运行 Qt Creator 并打开在 PC 端编写的项目文件，如图 2.20 所示。

（4）提示需要设置 Qt 编译环境，单击"OK"按钮。单击"Projects"按钮，出现如图 2.21 所示的主界面。

（5）单击"Manage Kits"按钮，Kits 标签中默认的 Qt Version 为 Qt 5.11.3。单击"Qt Versions"标签，出现如图 2.22 所示的 Options 界面。

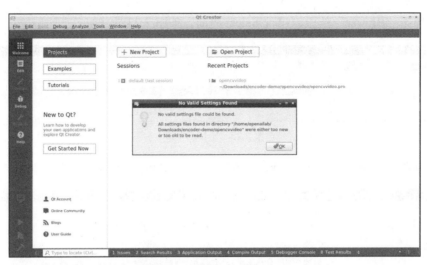

图 2.20 运行 Qt Creator

图 2.21 主界面

图 2.22 Options 界面

(6)单击"Browse"按钮,出现 Select 界面,如图 2.23 所示。

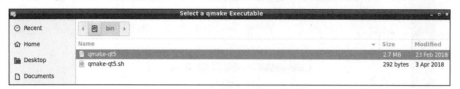

图 2.23　Select 界面

(7)选择 qmake-qt5,单击"Open"按钮,返回 Options 界面,如图 2.24 所示。

图 2.24　选择 qmake-qt5 后的 Options 界面

(8)单击"OK"按钮,返回主界面后选择 Edit,双击打开.pro 文件,如图 2.25 所示。

图 2.25　打开.pro 文件

(9)选择 Debug,再选择 main.cpp 文件,如图 2.26 所示。

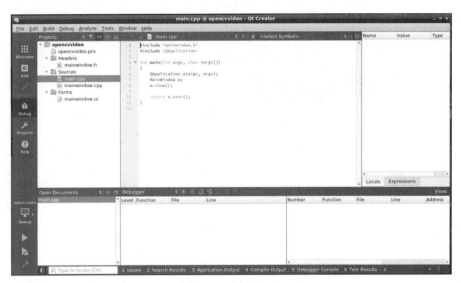

图 2.26　选择 Debug

（10）单击运行按钮，运行结果如图 2.27 所示。

图 2.27　运行结果

复习思考题

尝试直接在 EAIDK 中进行界面设计并编写程序，实现视频采集。

2.4　本章小结

本章主要介绍了如何通过 OpenCV 调用 Python 编写程序，实现图像的读取、显示和保存，以及实时视频的捕获；通过添加 Python 解释器路径、添加类、多线程编程等过程，帮读者掌握逐步递进编写程序的方法。本章还介绍了如何使用 Qt 实现图形用户界面程序的开发，并通过编写 C++程序实现 PC 端和 EAIDK 端的视频捕获。

第3章 物体分类

学习目标

（1）了解 AI 端侧推理框架 Tengine-Lite 的特点和作用。
（2）了解物体分类的基本方法、MobileNet 算法和 SSD 算法。
（3）熟练掌握物体分类的 Python 实现。
（4）熟练掌握物体分类的 C++ 实现。

AI 开发是一项庞大的系统性的工程，开发人员需要掌握一定的数学原理，具备一定的编程能力、建模能力与数据分析能力等。AI 开发框架如图 3.1 所示。

（1）确定需求：在开始分析数据之前，首先要确认为什么要分析数据，即分析数据的目的是什么，数据对象是什么，解决什么问题，能带来什么结果等，因为对于不同的需求，要构建的模型也不相同。

（2）准备数据：在确定需求之后，就要进行有目的的数据收集。通常数据很难一次收集完全，所以会有一个迭代过程。数据收集迭代的过程，也是对数据整合的不断优化过程。

（3）确定框架：当前 AI 领域有 Caffe、Caffe2、TensorFlow、MXNet、ONNX 等一系列耳熟能详的训练与推理框架，但经过这些框架训练出的模型在性能、精度及不同平台的适应性上各有千秋。选择一款适用的框架训练模型可以极大地提高效率。

（4）训练模型：通过数学建模，对收集到的数据进行探索分析，寻找内部联系与规律，最终为决策提供参考。

图 3.1　AI 开发框架

（5）模型评估：当通过训练得到一个模型后，则需要对模型进行评估，确定其是否满足起初对模型的期望要求。一个好的模型往往需要不断地对参数、算法进行调优以达到期望目的。

（6）部署模型：通过前期 5 个步骤的整合，得到一个可应用的模型并进行实地部署，帮助决策人员进行决策。

3.1 AI 端侧推理框架 Tengine-Lite

AI 端侧推理框架 Tengine-Lite

3.1.1 Tengine-Lite 简介

随着基于深度神经网络（deep neural networks，DNN）的 AI 技术的突破式发展，越来越多应用传统算法的领域都开始使用深度神经网络改造原有系统。目前大多数神经网络模型主要还是应用在服务器端，将其移植到边缘侧（端侧）的嵌入式设备上都会有一定的障碍，主要原因是端侧的算力问题及针对嵌入式设备的网络计算优化问题。

通常神经网络模型从研发到应用需要经过两个环节，一是设计网络模型并利用样本数据训练模型，二是把训练好的模型移植部署到产品或系统上。推理一般指的是第二个环节，即利用训练好的模型从输入的数据中推理出所需要的结果。能够完成这个推理过程的一套软件体系称为推理框架，其一般包括用于解析网络模型的 Frontend、通过指令集优化实现网络模型推理加速功能的 Backend 和网络模型转换工具。

目前开源的端侧推理框架主要有 OPEN AI LAB 的 Tengine 和 Tengine-Lite，阿里巴巴的 MNN，腾讯的 ncnn，百度的 Paddle-Lite，以及小米的 MACE 等。其中，Tengine-Lite 最初是 Tengine 的纯 C 语言分支。但由于纯 C 语言设计的易用性差，团队重新设计了其主要模块，并将后续项目陆续切换到 Tengine-Lite 上，使得 Tengine-Lite 从能力上和原 Tengine 是一样的。经过一段时间的磨合，现在已不再强调 Lite 分支，而是直接将 Tengine-Lite 简称为 Tengine（原 Tengine 在维护周期终结后，将存档冻结，不再维护）。考虑到 Tengine-Lite 推理框架的优异性能，本书所涉及的网络模型都将基于 Tengine-Lite 推理框架进行构建。

3.1.2 Tengine 及其特点

Tengine 是一个优秀的边缘 AI 计算框架。Tengine 兼容多种操作系统和深度学习算法框架，简化和加速了面向场景的 AI 算法在嵌入式边缘设备上快速迁移及实际应用部署落地，可以极大提升基础开发的效率。

Tengine 重点关注嵌入式设备上的边缘 AI 计算，为大量应用和设备提供高性能 AI 推理的技术支持。一方面，它可以通过异构计算技术同时调用 CPU、GPU、DSP、NPU 等不同计算单元来完成 AI 计算，另一方面，它支持 TensorFlow、Caffe、MXNet、PyTorch、MegEngine、Darknet、ONNX、ncnn 等主流框架。

Tengine 具有通用性、开放性、高性能等特点。

（1）通用性。通用性体现为 Tengine 支持上述主流框架，是国际上为数不多的通过 ONNX 官方认证的战略合作伙伴之一。

（2）开放性。开放性是指 Tengine 对外提供了高度可扩展的接口，用户可以很方便地在 Tengine 代码库之外开发和扩展自己需要的功能。

（3）高性能。高性能是指 Tengine 对端侧计算平台做了大量定制和优化，从而实现在嵌入式设备上高效运行神经网络。Tengine 支持各种非 CPU 的计算部件，包括 GPU 和 DSP 等需要编程的计算单元。

3.1.3 使用 Tengine-Lite 的准备工作

对于初学者而言,从推理框架入手是一个很好的选择。在学习推理框架的同时,也可以了解 AI 的整套体系是如何运作的。

在选择推理框架时需要结合模型部署的环境进行考虑。以往的 AI 模型训练常见于 PC 端,往往忽略了模型运行对于资源的调度及设备的功耗。在 AI 的发展路程上,越来越多的开发者希望 AI 能融入日常生活中,于是 PC 端推理框架部署的缺点日益显现。AI 模型部署从往日的 PC 端需要渐渐转向可移动设备端。现今生活中,AI 逐渐被人们所熟悉,并在许多贴近人们生活的具体项目中得以实现,例如门禁系统中的人脸识别,工业自动化中的物体检测,以及众所周知的无人驾驶等。

从开发和应用的角度来说,Tengine 推理框架具有如下特点。

(1)可以直接加载主流框架的模型文件,无须进行模型转换即可直接在开发板上运行神经网络算法。

(2)只依赖 C/C++库,无任何第三方库依赖。

(3)自带图像处理功能,支持图像缩放、像素格式转换、旋转、镜像翻转、映射、腐蚀膨胀、阈值处理、高斯模糊处理、图像编解码等。

(4)自带语音处理功能,支持 FFT/IFFT、MFCC 等信号操作,方便完成噪声抑制、回声清除等语音处理工作。

(5)支持 Android、Linux、RTOS、裸机开发环境。

(6)具有 Python 和 C/C++等接口,方便不同语言调用。

(7)高性能计算,在开发板上也可以实现炫酷的效果。

(8)EAIDK 自带 Tengine 环境,无须手动安装,直接使用即可。

1. 编译准备

编译 Tengine-Lite 要依赖 Git、G++、CMake、Make 等基本工具。如果没有安装基本工具,安装命令为 "sudo dnf install git g++ cmake make"。

复习思考题

了解 Git、G++、CMake、Make 的作用。

要进行 OpenCV 相关应用开发,还需安装 OpenCV 库。如果没有安装 OpenCV 库,安装命令为 "sudo dnf install opencv opencv-devel"。

> 可通过命令 "pkg-config opencv –cflags" 或 "pkg-config opencv –libs" 检查 OpenCV 的 include 或 libs 路径来验证是否安装了 OpenCV 库。若有输出,则说明已安装,否则即未安装或安装失败。

2. 编译部署

编译部署的步骤如下。

(1)在工作空间目录下新建 3rdparty 目录,下载 Tengine-Lite 源码,命令如下。

```
mkdir 3rdparty
cd 3rdparty
git clone-b tengine-lite https://github.com/OAID/Tengine.git Tengine-Lite
```

- 本例使用的是2021年4月1日发布的Tengine-Lite源码，该版本可使用3.11版本以下的CMake工具（最新版本不支持3.11版本以下的CMake工具）；
- 如需将该仓库回退到该版本，可使用如下命令。

```
cd Tengine-Lite
git reset --hard 4c66ff82cadc91ade01b97c5c793282fb9af03ad
```

（2）在Tengine-Lite目录下进行编译，命令如下。

```
mkdir build
cd build
cmake ..
make
make install
```

（3）编译完成后，build/install/lib目录下会生成libtengine-lite.so文件，相关目录结构如图3.2所示。

图3.2　build/install目录结构

3．环境变量设置

声明环境变量LD_LIBRARY_PATH，配置Tengine库和其他依赖库，代码如下。

```
export LD_LIBRARY_PATH=${Tengine-Lite}/build/install/lib
```

- ${Tengine-Lite}指Tengine-Lite的安装目录；
- 按照本章的目录结构，用/home/openailab/3rdparty/Tengine-Lite/build/install/lib 替代 ${Tengine-Lite}；
- 在.bashrc文件中添加上述命令并保存，执行命令"source .bashrc"使其生效，这样就不必每次进行声明了。

4．Python环境设置

创建usr/local/lib/python3.6/site-packages目录（如果运行过pip会自动创建这个目录，否则需手动创建）。

复习思考题

（1）如何回到 usr 目录下？

（2）如何创建 site-packages 目录？

在 Tengine-Lite/pytengine 目录下执行命令"sudo python3 setup.py install"。程序 setup.py 的代码如下。

```
1.  from setuptools import setup, Extension
2.  files = ["__init__", "base", "context", "device", "graph", "libinfo", "node", "tengine", "tensor"]
3.  setup(name="pytengine",
4.        version="0.9.1",
5.        description="Tengine is a software development kit for front-end intelligent
              devices developed by OPENAILAB",
6.        author="OpenAILab",
7.        author_email="OpenAILab@126.com",
8.        url="https://_____.com/OAID/Tengine",
9.        packages=["tengine"],
10.       install_requires=['numpy>=1.4.0']
11.      )
```

复习思考题

（1）setup.py 的作用是什么？

（2）如何编写满足自己需求的 setup.py 文件？

3.2 物体分类的 Python 实现

物体分类的
Python 实现

自 3.3 版本开始，OpenCV 加入了对深度神经网络推理运算的支持（只提供推理功能，不涉及训练）。它支持多种深度学习框架，如 TensorFlow、Caffe、Torch、Darknet、ONNX 等。

本节使用 OpenCV 对图片进行读取和预处理，运用 Tengine Python 接口对图片进行分类，并将分类结果显示在图片上。

图像识别（或称物体分类）是计算机视觉中最基础的一个任务，即将不同的图像按其内容划分为不同的类别。

如图 3.3 所示的 CIFAR-10 数据集是由 Hinton 的学生 Alex Krizhevsky 和 Ilya Sutskever 收集的一个用于普适物体识别的计算机视觉数据集，它包含 60000 张 32px×32px 的 RGB 彩色图片，总共有 10 个分类，其中 50000 张图片组成训练集，另外 10000 张图片组成测试集。

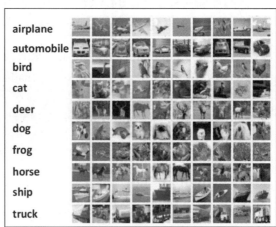

图 3.3 CIFAR-10 数据集

3.2.1 MobileNet 简介

目标检测是与物体分类密不可分的一个概念，其任务是判断图像中是否包含给定类别的目标，以及目标的位置和大小（通常用矩形框来表示），目标检测效果如图 3.4 所示。

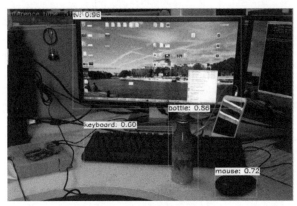

图 3.4　目标检测效果

目标检测算法使用已知的对象类别集合来识别和定位图像中对象的所有实例，该算法接受图像作为输入，输出对象所属的类别，以及它属于该类别的置信度，并使用矩形框预测对象的位置和大小。

目标检测的目的是"识别对象并给出其在图中的确切位置"，这个过程如下。

（1）识别某个对象；

（2）给出对象在图中的位置；

（3）识别图中所有的目标及其位置。

滑动窗口法是进行目标检测的主流方法。对于某输入图像，由于其中对象尺度和形状等因素的不确定性，直接套用预先训练好的模型进行识别的效率低下。通过设计滑窗来遍历图像，对每个滑窗对应的局部图像进行检测，能有效克服尺度、位置、形变等带来的输入问题，提升检测效果。

要实现目标检测，需要有相应的目标识别模型（classifier，分类器），卷积神经网络（convolution neural network，CNN）就是其中的主流模型之一。CNN 是一种专门用来处理具有类似网格结构的数据的前馈神经网络。但是 CNN 的网络架构通常非常大，需要的算力太大，不适合部署在边缘设备上。于是 Google 在 2017 年提出了适用于移动设备的轻量级神经网络 MobileNet，专为资源受限的边缘设备而设计。

MobileNet 与传统 CNN 的区别主要在于，使用了深度可分离卷积（depthwise separable convolution）将卷积核进行分解计算来减少计算量。深度可分离卷积就是将普通卷积拆分成为一个深度卷积和一个逐点卷积，它可以用更少的参数、更少的运算，得到与普通卷积差不多的结果。如通常使用的 3×3 的卷积核，通过深度可分离卷积可以让运算量下降到普通卷积的 1/9 左右。

3.2.2 编写程序

Python 物体分类程序流程图如图 3.5 所示。

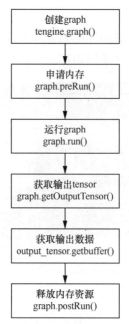

图 3.5　Python 物体分类程序流程图

在 ch3 目录下建立 models、labels、images 子目录。将 Tengine 模型文件 mobilenet.tmfile 放入 models 目录下；将标签文件 synset_words.txt 放入 labels 目录下；将图片文件 cat.jpg 放入 images 目录下。

在 ch3 目录下新建 mobilenet_classify.py 文件，编写程序，代码如下。

（1）导入程序运行需要的库。

```
1.   import time
2.   import os
3.   os.environ['LD_LIBRARY_PATH'] = '/home/openailab/3rdparty/Tengine-Lite/build/install/lib/'
4.   from tengine import tg
5.   import numpy as np
6.   import cv2
7.   from tengine import libinfo
```

（2）定义模型文件、要分类的图片、识别次数、图片预处理的参数 scale 和 mean。

```
9.   model = 'models/mobilenet.tmfile'
10.  image = 'images/cat.jpg'
11.  repeat_count = 1
12.  scale = 0.017
13.  mean = [104.007, 116.669, 122.679]
```

（3）定义图片预处理方法 parse_data()。通过 cv2 的 imread() 方法读取图片，并用 resize() 方法将图片大小调整为模型所需的 224×224（224×224×3），然后将图片转为 chw（3×224×224）结构的数据。

```
15.  def parse_data():
16.      img0 = cv2.imread(image, -1)
17.      img = cv2.resize(img0, (224, 224))
```

```
18.     input_data, input_0, input_1, input_2 = img, [], [], []
19.     input_data = (input_data - mean) * scale
20.     for d in input_data.astype(np.float32).reshape((-1, 3)):
21.         input_0.append(d[0])
22.         input_1.append(d[1])
23.         input_2.append(d[2])
24.     input_data = input_0 + input_1 + input_2
25.     input_data = np.array(input_data)
26.     return input_data, img0
```

（4）定义分类方法 classify()。调用图片预处理方法 parse_data()获取经过预处理后的数据；创建 graph，指定模型类型为 tengine，模型文件为 mobilenet.tmfile；调用 graph 的 preRun()方法进行内存空间的申请。

```
28. def classify():
29.     image_data, img = parse_data()
30.     graph = tg.Graph(None, 'tengine', model)
31.     graph.preRun()
```

（5）调用 graph 的 run()方法，开始运行模型文件，对图片数据进行分类。此方法设置 block=1，并指定 input_data 为经过预处理后的数据。

```
33.     input_tensor = graph.getInputTensor(0,0)
34.     max_time = 0
35.     min_time = None
36.     whole_time1 = time.time()
37.     for i in range(repeat_count):
38.         time_1 = time.time()
39.         dims = [1,3,224,224]
40.         input_tensor.shape = dims
41.         input_tensor.buf = image_data
42.         graph.run(block=1)
43.         time_2 = time.time()
44.         spend_time = time_2 - time_1
```

（6）计算运行耗时（平均每次耗时、每次最长耗时和最短耗时）。

```
45.         if spend_time > max_time:
46.             max_time = spend_time
47.         if i == 0:
48.             min_time = spend_time
49.         if spend_time < min_time:
50.             min_time = spend_time
51.     whole_time2 = time.time()
52.     avg_time = (whole_time2 - whole_time1) / repeat_count
53.     print('Repeat {} times, avg time per run is {} ms'.format(repeat_count,
        round(avg_time, 2)))
54.     print('max time is {} ms, min time is {} ms'.format(round(max_time, 2),
        round(min_time, 2)))
```

（7）获取运行之后的输出张量（tensor）。获取下标为 0 的输出 node 中下标为 0 的输出张量，并通过 getbuffer()方法获取 output_tensor 中的数据。

```
56.     output_tensor = graph.getOutputTensor(0, 0)
57.     data = output_tensor.getbuffer(float)
```

（8）读取标签文件。通过 readlines()函数将类别信息存入 labels 列表；将输出数据（列表）中各个元素的索引（idx）和数据值（k）存入 pair 列表，再将各个 pair 列表存入 pairs 列表；最后按数据值大小（分类概率由大到小）排序。

```
59.     t_list = data[0: 1000]
60.     with open('labels/synset_words.txt', 'r') as f:
61.         labels = f.readlines()
62.     pairs = []
63.     for idx, k in enumerate(t_list):
64.         pair = [idx, k]
65.         pairs.append(pair)
66.     pairs.sort(key=lambda x: x[1], reverse=True)
```

（9）获取概率最大的前 5 个分类的 idx，并在 labels 列表中找到对应 idx 的类别信息，将概率和类别信息对应打印。

```
70.     print('-'*40)
71.     for i in range(5):
72.         idx = pairs[i][0]
73.         print(('%.4f' % t_list[idx]) + '-' + labels[idx].replace('\n', ''))
74.     print('-' * 40)
```

（10）通过 cv2 的 imshow()方法将图片展示出来，并将分类概率最高的类别（也称标签、label）通过 cv2 的 putText()方法显示在图片上。

```
75.     cv2.putText(img, labels[pairs[0][0]].strip(), (30, 30), cv2.FONT_HERSHEY_PLAIN, 2.0, (0, 0, 255), 2)
76.     cv2.imshow('image', img)
77.     k = cv2.waitKey(0)
78.     if k == 23:
79.         cv2.destroyAllWindows()
```

（11）调用 graph 的 postRun()方法，释放占用的资源；最后，调用 classify()函数作为 demo 的入口。

```
81.     graph.postRun()
82.     if __name__ == '__main__':
83.         classify()
```

3.2.3 运行程序

在 ch3 目录下执行命令"python3 mobilenet_classify.py"，程序运行结果如图 3.6 所示。

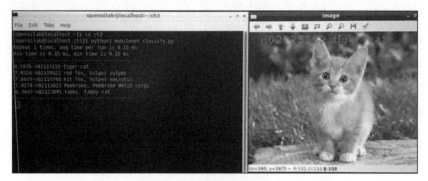

图 3.6　程序运行结果

在 synset_words.txt 文件中，与 cat.jpg 最匹配的类别为 n02123159 tiger cat，如图 3.7 所示，其中显示了相应的类别信息。

```
282 n02123045 tabby, tabby cat
283 n02123159 tiger cat
284 n02123394 Persian cat
285 n02123597 Siamese cat, Siamese
286 n02124075 Egyptian cat
```

图 3.7　synset_words.txt 文件的部分内容

复习思考题

（1）修改代码中的 mean、scale 等参数，运行程序，查看并分析结果。
　（2）换一幅其他动物的图片，运行程序并查看结果。
（3）换一幅包含多个不同动物的图片，运行程序并查看结果。
（4）换一幅包含多个同种动物的图片，运行程序并查看结果。
（5）修改程序，对摄像头捕获的图片进行目标检测。

物体分类的
C++实现

3.3　物体分类的 C++实现

通过 Tengine 及 OpenCV 对图像中的物体（例如人、瓶子等）进行检测。Tengine C++ 物体分类程序流程图如图 3.8 所示。

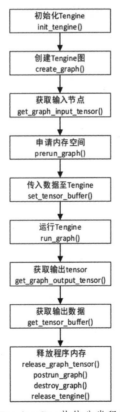

图 3.8　Tengine C++物体分类程序流程图

3.3.1 SSD 算法简介

SSD（single shot multibox detector）是刘伟等学者在 2016 年欧洲计算机视觉国际会议（14th European Conference on Computer Vision 2016）上提出的一种目标检测算法，其主要设计思想是特征分层提取，并依次进行边框回归和分类。

不同层次的特征图能代表不同层次的语义信息：低层次的特征图能代表低层语义信息（含有更多的细节），能提高语义分割质量，适合小尺度目标的学习；高层次的特征图能代表高层语义信息，能光滑分割结果，适合对大尺度的目标进行深入学习。

SSD 是目前主要的目标检测算法之一，其运行速度和 YOLO 相当，检测精度可以和 Faster RCNN 媲美。

3.3.2 编写程序

本节介绍 SSD 目标检测的一个案例，讲述如何使用 Tengine-Lite C++ API 编写加载 SSD 模型进行目标检测的代码，以及在 EAIDK-310 或 EAIDK-610 开发板上编译、部署和运行的流程。

1．创建工程项目，编写源码

创建名为 tm_mobilenet_ssd 的项目，在工作空间目录下创建 tm_mobilenet_ssd 目录并新建文件 tm_mobilenet_ssd.cpp，该文件将包含检测框的结构体定义，以及创建 graph、加载 ssd 模型、输入图像数据、graph 推理和后处理等过程。

编写程序的代码，如下所示。

（1）结构体定义。

```
1.   typedef struct Box{
2.       int x0;
3.       int y0;
4.       int x1;
5.       int y1;
6.       int class_idx;
7.       float score;
8.   } Box_t;
```

（2）获取系统的当前时间。

```
9.   double get_current_time(){
10.      struct timeval tv;
11.      gettimeofday(&tv, NULL);
12.      return tv.tv_sec * 1000.0 + tv.tv_usec / 1000.0;
13.  }
```

（3）命令行显示提示。

```
16.  void show_usage() {
17.      fprintf(stderr, "[Usage]: [-h]\n   [-i image_file] [-r repeat_count] [-t thread_count]\n");
18.  }
```

（4）输出结果处理及显示。

```cpp
19.    cv::Mat post_process_ssd(const char* image_file, float threshold, const float* outdata, int num)
20.    {
21.        const char* class_names[] = {"background", "aeroplane", "bicycle", "bird",
                "boat", "bottle","bus", "car", "cat", "chair", "cow", "diningtable", "dog", "horse",
                "motorbike", "person", "pottedplant", "sheep", "sofa", "train", "tvmonitor"};
22.        cv::Mat im = cv::imread(image_file, cv::IMREAD_COLOR);
23.        int raw_h = im.rows;
24.        int raw_w = im.cols;
25.        Box_t* boxes = (Box_t*)malloc(sizeof(Box_t) * DEFAULT_MAX_BOX_CNT);
26.        int box_count = 0;
27.        for (int i = 0; i < num; i++){
28.            if (outdata[1] >= threshold){
29.                Box_t box;
30.                box.class_idx = outdata[0];
31.                box.score = outdata[1];
32.                box.x0 = outdata[2] * raw_w;
33.                box.y0 = outdata[3] * raw_h;
34.                box.x1 = outdata[4] * raw_w;
35.                box.y1 = outdata[5] * raw_h;
36.                boxes = (Box_t*)realloc(boxes, sizeof(Box_t) * (box_count + 1));
37.                boxes[box_count] = box;
38.                box_count++;
39.            }
40.            outdata += 6;
41.        }
42.        for (int i = 0; i < box_count; i++){
43.            Box_t box = boxes[i];
44.            cv::rectangle(im, cv::Rect(cv::Point(box.x0, box.y0), cv::Point(box.x1, box.y1)), cv::Scalar(125, 0, 125), 2, 8, 0);
45.        }
46.        free(boxes);
47.        cv::imwrite("tengine_example_out.png", im);
48.        return im;
49.    }
```

（5）SSD 模型加载及命令行输入解析。

```cpp
57.    int main(int argc, char* argv[])
58.    {
59.        int repeat_count = DEFAULT_REPEAT_CNT;
60.        int num_thread = DEFAULT_THREAD_CNT;
61.        const std::string root_path = "../";
62.        int display = 0;
63.        std::string image_file;
64.        const char* model_file = "../mssd.tmfile";
65.        int img_h = 300;
66.        int img_w = 300;
67.        float mean[3] = { 127.5f, 127.5f, 127.5f };
68.        float scale[3] = { 0.007843f, 0.007843f, 0.007843f };
69.        float show_threshold = 0.5f;
70.        int res;
71.        //命令行选项参数解析
72.        while ((res = getopt(argc, argv, "i:r:t:d:h:")) != -1){
73.            switch (res)
74.            {
75.            case 'i':
76.                image_file = optarg;    //检测图像文件
```

```
77.              break;
78.         case 'd':
79.              display = std::strtoul(optarg, NULL, 10);    //缩放比例
80.              break;
81.     }
82. }
```

（6）输入图像的预处理。

```
95.     //以彩色模式打开图像
96.     cv::Mat original_img = cv::imread(image_file, cv::IMREAD_COLOR);
97.     cv::Mat resize_img;
98.     cv::resize(original_img, resize_img, cv::Size(img_w, img_h), 0, 0, CV_INTER_
        LINEAR);
99.     //图像预处理归一化
100.    resize_img.convertTo(resize_img, CV_32FC3);
101.    resize_img = (resize_img - mean[0]) * scale[0];
```

（7）创建 Tengine graph 并传输数据至 Tengine。

```
110.    //设置运行参数
111.    struct options opt;
112.    opt.num_thread = num_thread;
113.    opt.cluster = TENGINE_CLUSTER_ALL;
114.    opt.precision = TENGINE_MODE_FP32;
115.    opt.affinity = 0;
116.    //tengine 初始化
117.    init_tengine();
118.    //创建运行 graph，加载网络模型
119.    graph_t graph = create_graph(NULL, "tengine", model_file);
120.    int img_size = img_h * img_w * 3;
121.    //3 通道分离-NHWC 格式变换为 NCHW 格式
122.    float* input_data = (float*)malloc(img_size * sizeof(float));
123.    std::vector<cv::Mat> input_channels;
124.    float* data_src = input_data;
125.    for (int c = 0; c < resize_img.channels(); ++c) {
126.        cv::Mat channel(img_h, img_w, CV_32FC1, data_src);
127.        input_channels.push_back(channel);
128.        data_src += img_w * img_h;
129.    }
130.    cv::split(resize_img, input_channels);
131.    //获取网络输入张量
132.    tensor_t input_tensor = get_graph_input_tensor(graph, 0, 0);
133.    //设置输入张量大小
134.    int dims[] = { 1, 3, img_h, img_w };
135.    if (set_tensor_shape(input_tensor, dims, 4) < 0) {
136.        return -1;
137.    }
138.    if (set_tensor_buffer(input_tensor, input_data, img_size * 4) < 0) {
139.        return -1;
140.    }
```

◆ get_graph_input_tensor()函数是获取 tengine 输入节点（tensor 节点）信息的函数，其返回值类型为 tensor_t，返回值包含节点的所有信息，例如节点号、节点尺寸、节点数据等，如返回值为空，则表示无此节点，获取失败。

（8）运行 Tengine graph。

```
153.        //graph 预运行
154.        if (prerun_graph_multithread(graph, opt) < 0){
155.            return -1;
156.        }
157.        //graph 运行
158.        for (int i = 0; i < repeat_count; i++){
159.            double start = get_current_time();
160.            if (run_graph(graph, 1) < 0){
161.                return -1;
162.            }
163.            double end = get_current_time();
164.        }
```

（9）获取输出结果及后处理。

```
176.        //获取输出张量
177.        tensor_t output_tensor = get_graph_output_tensor(graph, 0, 0);
178.        int out_dim[4];
179.        get_tensor_shape(output_tensor, out_dim, 4);
180.        float* output_data = (float*)get_tensor_buffer(output_tensor);
181.        //网络输出结果后处理
182.        cv::Mat show = post_process_ssd(image_file.c_str(), show_threshold, output_data, out_dim[1]);
183.        if (display) {
184.            cv::imshow("img", show);
185.            cv::waitKey(0);
186.        }
```

- 使用 get_graph_output_tensor() 函数来获取输出结果的 tensor 节点信息；
- out_dim 为输出数据的维度信息，可由 get_tensor_shape() 函数获取，输出数据可由 get_tensor_buffer() 函数获取；
- post_process_ssd() 为推理结果后处理函数，用于解析出目标类别和目标边框位置。

（10）释放资源。

```
191.        free(input_data);
192.        postrun_graph(graph);
193.        destroy_graph(graph);
194.        release_tengine();
195.        return 0;
196.    }
```

当程序结束时，需要对前期申请的内存进行释放：
- free() 函数可对申请的输入数据内存进行释放；
- postrun_graph() 函数可对 prerun_graph() 函数运行时所申请的内存进行释放；
- destroy_graph() 函数可对 Tengine graph 进行销毁处理；
- 最后的 release_tengine() 函数对 tengine 所有内存进行释放。

复习思考题

程序中用到的模型是 Tengine 的模型文件 mssd.tmfile，如何对 Caffe、TensorFlow、ONNX

等模型进行转换？

2．编译

当待编译的程序只有一个源文件时，可以直接调用 gcc 或 g++来编译；但是当程序包含多个源文件时，如果用 gcc 或 g++命令逐个编译，就显得过于复杂了，此时，可以使用 Make 工具。Make 工具本身并没有编译和链接的功能，而是用类似于批处理的方式通过调用 makefile 文件中用户指定的命令来进行编译和链接。在一些简单的项目中，可以手动编写 makefile 文件。但是当项目非常大的时候，手动编写 makefile 文件非常麻烦，如果更换硬件平台或操作系统，又要重新修改 makefile 文件，因此，这种方式不适合跨平台使用。此时，就需要使用 CMake 工具。CMake 工具可以根据 CMakeLists.txt 编译脚本文件更加简单地生成 makefile 文件，还可以在不修改 CMakeLists.txt 文件的情况下跨平台生成对应平台的 makefile 文件，这样就不用手动修改 makefile 文件了。

（1）编写 CMakeLists.txt 文件用于编译 C/C++程序。

将 CMakeLists.txt 文件置于代码同一目录下，编写代码如下。

```
1.  # 检查 CMake 版本
2.  CMAKE_MINIMUM_REQUIRED (VERSION 3.10 FATAL_ERROR)
3.  # 定义安装路径
4.  if(NOT DEFINED CMAKE_INSTALL_PREFIX)
5.      set(CMAKE_INSTALL_PREFIX "${CMAKE_BINARY_DIR}/install" CACHE PATH "Installation Directory")
6.  endif()
7.      message(STATUS "CMAKE_INSTALL_PREFIX = ${CMAKE_INSTALL_PREFIX}")
8.  # 定义项目名称
9.  project(tm_mobilenet_ssd)
10. # 定义优化选项
11. add_compile_options(-fPIC)
12. add_compile_options(-O3)
13. # 指定 Tengine 库路径，可根据设备具体配置修改
14. set( TENGINE_DIR ${CMAKE_CURRENT_SOURCE_DIR}/../3rdparty/Tengine-Lite/build/install/)
15. set( TENGINE_LIBS tengine-lite )
16. link_directories(${TENGINE_DIR}/lib)
17. set( SRCS ${CMAKE_CURRENT_SOURCE_DIR}/tm_mobilenet_ssd.cpp)
18. # 搜索 OpenCV 库
19. find_package(OpenCV REQUIRED)
20. #message(STATUS ${OpenCV_INCLUDE_DIRS})
21. if(OpenCV_FOUND)
22.     # 包含 OpenCV 头文件
23.     include_directories(${OpenCV_INCLUDE_DIRS} ${TENGINE_DIR}/include)
24.     # 添加编译源码，编译 tm_mobilenet_ssd
25.     add_executable(${CMAKE_PROJECT_NAME} ${SRCS})
26.     # 链接 OpenCV 和 Tengine 库
27.     target_link_libraries(${CMAKE_PROJECT_NAME} ${TENGINE_LIBS} ${OpenCV_LIBS})
28.     # 安装 app
29.     install (TARGETS ${CMAKE_PROJECT_NAME} DESTINATION bin)
30. else()
31.     message(WARNING "OpenCV not found, some examples won't be built")
32. endif()
```

下面对 CMakeLists.txt 文件的编写规则进行介绍。

① 指定 CMake 的最低版本。

```
2.    CMAKE_MINIMUM_REQUIRED (VERSION 3.10 FATAL_ERROR)
```

这行命令是可选的，但在有些情况下，例如 CMakeLists.txt 文件中使用了一些高版本 CMake 特有的命令的时候，就需要加上这样一行，提醒用户升级到该版本之后再执行 CMake。此处指定与 Tengine-Lite 项目中相同的最低版本。

② 指定安装路径。

```
5.    set(CMAKE_INSTALL_PREFIX "${CMAKE_BINARY_DIR}/install" CACHE PATH "Installation Directory")
```

定义${CMAKE_INSTALL_PREFIX}为${CMAKE_BINARY_DIR}/install。其中${CMAKE_BINARY_DIR}是 CMake 定义的环境变量，通常是项目编译发生的目录，即执行 make 命令时所在的当前目录。

③ 设置项目名称。

```
9.    project(tm_mobilenet_ssd)
```

定义项目的名称，在之后的脚本中可以使用${CMAKE_PROJECT_NAME}宏变量，它等同于项目名称 tm_mobilenet_ssd。

④ 定义编译选项。

```
11.   add_compile_options(-fPIC)
12.   add_compile_options(-O3)
```

-fPIC 是在链接静态库时需要用到的选项，-O3 是编译优化选项。上述命令也可用"set(CMAKE_C_FLAGS"$ {CMAKE_C_FLAGS} -fPIC -O3")"和"set(CMAKE_CXX_FLAGS "$ {CMAKE_CXX_FLAGS} -fPIC -O3")"替代。

⑤ 指定 Tengine 库路径。

```
14.   set( TENGINE_DIR ${CMAKE_CURRENT_SOURCE_DIR}/../3rdparty/Tengine-Lite/build/
      install/)
15.   set( TENGINE_LIBS tengine-lite )
16.   link_directories(${TENGINE_DIR}/lib)
```

用 set 命令直接设置 TENGINE_DIR 和 TENGINE_LIBS 变量的值，后续脚本可通过宏变量${TENGINE_DIR}和${TENGINE_LIBS}引用。link_directories 命令设置链接库搜索路径，即指定连接时所需要的库可以在此目录中进行搜索。

⑥ 设置需要编译的源文件。

```
17.   set( SRCS ${CMAKE_CURRENT_SOURCE_DIR}/tm_mobilenet_ssd.cpp)
```

${CMAKE_CURRENT_SOURCE_DIR}表示当前处理的 CMakeLists.txt 文件所在的目录，设置后所有源文件可由${SRCS}指代。

⑦ 查找 OpenCV 库。

```
19.   find_package(OpenCV REQUIRED)
```

搜索 OpenCVConfig.cmake 文件，返回 OpenCV_FOUND 表示 OpenCV 库是否查找成功，OpenCV 的头文件路径（OpenCV_INCLUDE_DIRS）和库文件路径（OpenCV_LIBS）都会被赋值，有了头文件和库文件，就可以正常使用 OpenCV 了。

⑧ 设置编译所需要的头文件路径。

```
23.        include_directories(${OpenCV_INCLUDE_DIRS} ${TENGINE_DIR}/include)
```
设置编译所需要的头文件路径，此处包含 OpenCV 和 Tengine 的头文件路径，编译时需要的头文件将在这两个路径下进行查找。

⑨ 编译生成以${CMAKE_PROJECT_NAME}命名的可执行文件。

```
25.        add_executable(${CMAKE_PROJECT_NAME} ${SRCS})
```

如果是"add_library(${CMAKE_PROJECT_NAME} SHARED ${SRCS})"则表示生成动态库，"add_library(${CMAKE_PROJECT_NAME} STATIC ${SRCS})"则表示生成静态库。

⑩ 设置编译需要链接的库。

```
27.        target_link_libraries(${CMAKE_PROJECT_NAME} ${TENGINE_LIBS} ${OpenCV_LIBS})
```

链接 tengine-lite 库和 OpenCV 相关库，搜索路径已由 link_directories 命令设置。

⑪ 安装可执行文件。

```
29.        install (TARGETS ${CMAKE_PROJECT_NAME} DESTINATION bin)
```

执行后会将以${CMAKE_PROJECT_NAME}命名的可执行文件复制到${CMAKE_INSTALL_PREFIX}/bin 目录下，${CMAKE_INSTALL_PREFIX}已在②中指定。

⑫ 输出信息。

```
7.         message(STATUS "CMAKE_INSTALL_PREFIX = ${CMAKE_INSTALL_PREFIX}")
```

上述命令可输出安装路径信息。

⑬ 其他语法（条件控制）。

◆ 逻辑判断和比较

if (expression)，expression 不为空（0、N、NO、OFF、FALSE、NOTFOUND）时为真；

if (not exp)，与 if(expression)相反；

if (var1 AND var2)；

if (var1 OR var2)；

if (EXISTS dir)，if (EXISTS file)，如果目录或文件存在为真。

◆ 数字比较

if (variable LESS number)，LESS 表示小于；

if (variable GREATER number)，GREATER 表示大于；

if (variable EQUAL number)，EQUAL 表示等于。

◆ 字母表顺序比较

if (variable STRLESS string)；

if (variable STRGREATER string)；

if (variable STREQUAL string)。

（2）进行编译。

进入 tm_mobilenet_ssd 目录，在命令行终端中输入如下命令。

```
mkdir build
cd build
cmake ..
make
make install
```

- 与 3.1.3/2/(2)中 Tengine-Lite 的编译类似，后续程序也是如此，不再赘述。

3.3.3 运行程序

在 build 目录下运行可执行文件 tm_mobilenet_ssd。

`./tm_mobilenet_ssd -i ../ssd_dog.png -d 1`

在命令"./tm_mobilenet_ssd -i image_file -r repeat_count -t thread_count -d display"中：
- -i 代表检测的图像文件；
- -r 代表检测重复次数；
- -t 代表检测时使用的线程数；
- -d 代表是否显示检测结果图。

命令执行后会弹出检测图像显示框，显示图像的目标检测结果（本例中包括汽车、自行车和狗），输出目标区域框坐标和置信度，并用紫色框框出目标所在的大致区域。程序运行结果如图 3.9 所示。

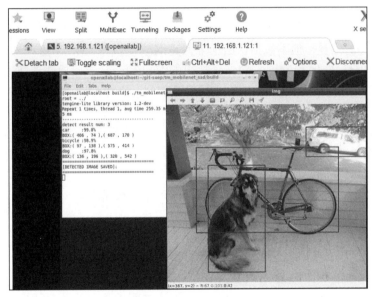

图 3.9 程序运行结果

复习思考题

修改程序，对摄像头捕获的图片进行目标检测。

3.4 本章小结

本章主要介绍了 AI 开发的整体框架及 AI 端侧推理框架 Tengine-Lite 的基础知识。介绍了 MobileNet 算法，以及如何通过编写 Python 程序实现物体分类。还介绍了 SSD 算法，以及如何使用 Tengine-Lite C++ API 编写加载 SSD 模型进行目标检测的代码，并在开发板上编译、部署和运行的流程。

第 4 章 人脸识别

学习目标

（1）了解人脸识别的基本概念和人脸识别系统的组成部分。
（2）掌握简单人脸识别、人脸属性识别、人脸识别门禁的 Python 实现方法。
（3）掌握人脸识别的 C++实现方法。

人脸检测是人脸识别的基础。人脸检测是目标检测的子领域，一般指判断出图像中有没有人脸、人脸的位置，但不包括认出这个人是谁。

2001 年，Paul Viola 和 Michael Jones 提出的 Viola-Jones 人脸检测器使人脸检测技术取得了突破，在准确度提高的同时，速度也提升至实时。在非深度学习算法中，DMP 系列算法、通道特征系列算法比较有代表性。

2006 年，深度学习开始快速发展，产生了一系列基于深度学习的人脸检测算法，如 R-CNN 系列算法、SSD/RPN 系列算法、YOLO 系列算法、级联 CNN 系列算法等，这些算法大大提高了人脸检测的精度。但总的来说，很多基于深度学习的人脸检测算法的计算量都不算小，运行速度较慢，尤其是在资源有限的嵌入式设备上。

4.1 人脸识别的 Python 实现

人脸检测算法主要分为基于知识的检测方法和基于统计的检测方法。

基于知识的检测方法主要检测器官特征和器官之间的几何关系。利用先验知识将人脸看作器官特征的组合，根据眼睛、眉毛、嘴巴、鼻子等器官的特征及相互之间的几何位置关系来检测人脸。主要的检测方法包括模板匹配、人脸特征、形状与边缘、纹理特征、颜色特征等。

基于统计的检测方法主要进行像素相似性度量。将人脸整体看作一个模式，从统计的角度通过大量人脸图像样本构造人脸模式空间，根据相似性度量来判断人脸是否存在。主要的检测方法包括成分分析与特征脸、神经网络方法、支持向量机、隐马尔可夫模型、AdaBoost 算法。常用的 Haar 分类器就包含了 AdaBoost 算法。OpenCV 内部集成了人脸检测算法，并且提供了训练好的人脸检测 Haar 模型，使用 XML 文件保存。只需要调用其中的类库就可以对照片或者视频进行人脸检测。

人脸识别是基于人的脸部特征信息进行身份识别的一种生物识别技术。人脸识别包括用摄像头采集含有人脸的图像或视频流,并自动在图像中检测和跟踪人脸,进而对检测到的人脸进行身份识别的一系列相关技术,也叫作人像识别、面部识别。

4.1.1 人脸识别系统的组成

人脸识别系统主要包括 4 个组成部分:人脸图像采集及检测、人脸图像预处理、人脸特征提取、人脸图像匹配与识别。

1. 人脸图像采集及检测

通过摄像头能采集不同的人脸图像,比如静态图像、动态图像,以及不同位置、不同表情的头像等。当用户进入采集设备的拍摄范围时,采集设备会自动跟踪并拍摄用户的人脸图像。

人脸检测在实际中主要用于人脸识别的预处理,即在图像中准确标定出人脸的位置和大小。人脸图像中包含的模式特征十分丰富,如直方图特征、颜色特征、模板特征、结构特征及 Haar 特征等。人脸检测可以把其中有用的信息挑选出来,并利用这些特征实现人脸的检测。

主流的人脸检测通常基于以上特征,采用 AdaBoost 算法进行检测。AdaBoost 算法是一种用来分类的方法,它把一些较弱的分类方法组合在一起,形成新的较强的分类方法。人脸检测时可使用 AdaBoost 算法挑选出一些最能代表人脸的矩形特征(弱分类器),按照加权投票的方式将弱分类器构造为一个强分类器,再将训练得到的若干强分类器串联组成一个级联结构的层叠分类器,从而有效地提高分类器的检测效果。

2. 人脸图像预处理

人脸图像预处理是基于人脸检测结果,对图像进行处理并最终服务于特征提取的过程。摄像头采集的原始图像由于受到各种条件的限制和随机干扰,往往不能直接使用,必须在图像处理的早期阶段进行灰度校正、噪声过滤等预处理。

对于人脸图像而言,预处理过程主要包括人脸图像的光线补偿、灰度变换、直方图均衡化、归一化、几何校正、滤波及锐化等。

3. 人脸特征提取

人脸识别系统可使用的特征通常包括视觉特征、像素统计特征、人脸图像变换系数特征、人脸图像代数特征等。人脸特征提取,也称人脸表征,是对人脸进行特征建模的过程。

人脸特征提取的方法归纳起来可分为两大类:一类是基于知识的表征方法;另一类是基于代数特征或统计学习的表征方法。

基于知识的表征方法主要根据人脸器官的形状描述以及它们之间的距离特性来获得有助于人脸分类的特征数据,其特征分量通常包括特征点之间的欧氏距离、曲率和角度等。基于知识的人脸表征主要包括基于几何特征的方法和模板匹配法。人脸由眼睛、鼻子、嘴、下巴等局部构成,对这些局部和它们之间的结构关系的几何描述,可以作为人脸识别的重要特征,这些特征被称为几何特征。

4．人脸图像匹配与识别

人脸图像匹配就是将提取到的人脸图像特征数据与数据库中存储的特征模板进行搜索匹配，并设定一个阈值，当相似度超过这一阈值时，则输出匹配得到的结果。

人脸识别就是将待识别的人脸特征与已得到的人脸特征模板进行比较，根据相似程度对人脸的身份信息进行判断。这一方法又可分为两类：一类是验证，即一对一进行图像比较；另一类是辨识，即一对多进行图像匹配对比。

人脸识别系统的基本架构如图 4.1 所示。

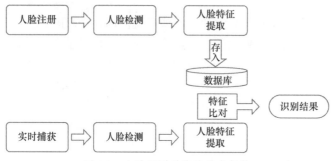

图 4.1 人脸识别系统的基本架构

基于以上分析，可以看出人脸识别的主要过程包括人脸检测、特征提取、匹配识别。利用 OpenCV 的 Python 接口实现人脸检测的流程如下。

（1）读取图片；

（2）将图片转换为灰度模式，便于人脸检测；

（3）利用 Haar 特征检测图片中的人脸；

（4）绘制矩形框，标示人脸所在的区域；

（5）显示人脸检测的结果图片。

4.1.2 简单人脸识别

Face Recognition 是目前最简单的人脸识别库之一，它使用 dlib 库中较先进的人脸识别深度学习算法，识别准确率在 Labled Faces in the Wild 测试基准下达到了 99.38%。

Face Recognition 通过 Python 语言将 dlib 这一 C++库封装为一个简单易用的 API 库，屏蔽了人脸识别的算法细节，大大降低了人脸识别功能的开发难度。

1．安装相关库

执行命令"cp -rf ~/ch4/face_rec_install/* ~ /.local/lib/python3.6/site-packages/"，即可安装相关库。

- 执行上述命令时，如果提示没有该路径，可执行命令"mkdir -p ~ /.local/lib/python3.6/site-packages/"建立目录；
- face_regconition 的安装依赖 dlib 库；
- dlib 编译时至少需要 1.5GB 的虚拟内存，60MB 的临时文件存储空间；
- 由于 EAIDK-310 内存不够，需要开 3 个 500MB 的虚拟内存；
- 执行命令"pip3 install face_recognition-user"进行安装；

- 使用本书配套资源的 face_rec_install 目录中的文件可以快速安装 Face Regcognition 库。

2. 编写和运行人脸识别程序

在 ch4 目录下编写程序 face_rec.py，代码如下。

```
1.  import cv2 as cv
2.  import numpy as np
3.  import json
4.  import face_recognition
5.  import os, sys
6.  sys.path.append(os.path.join(os.path.abspath(os.path.dirname(__file__)), "../ch2"))
```

- 在导入一个模块时，默认情况下 Python 解释器会搜索当前目录、已安装的内置模块和第三方模块，搜索路径存放在 sys 模块的 path 中；
- 要添加自己的搜索目录，可以通过调用列表的 append() 方法实现；
- 当模块和自己写的脚本不在同一个目录下时，在脚本开头添加 sys.path.append('xxx')；
- os.path 模块主要用于文件属性的获取，具体详见官方文档。

```
7.  from video4 import camera
8.  class FaceRec:
9.      RESIZE_FACTOR = 4
10.     TOLERANCE = 0.55
```

- 按照 RESIZE_FACTOR 的值（这个值应根据数据集中人脸大小的分布来确定，若该值比较大，容易延长推理时间；若该值比较小，则容易漏掉一些较小的人脸）调整图片大小；
- 容忍度（TOLERANCE）参数的默认值为 0.6，值越低，表示识别越严格。

```
11.     def __init__(self):
12.         self.__db = "./facedb.json"
13.         self.__data = {}
14.         self.__names = []
15.         self.__encodings = []
16.         with open(self.__db, 'r') as f:
17.             self.__data = json.load(f)
18.             if len(self.__data) > 0:
19.                 self.__names = self.__data["names"]
20.                 self.__encodings = self.__data["encodings"]
21.     def __rec(self, img):
22.         small = cv.resize(img, (0, 0), fx = 1 / __class__.RESIZE_FACTOR, fy = 1 / __class__.RESIZE_FACTOR)
23.         rgb = cv.cvtColor(small, cv.COLOR_BGR2RGB)
24.         loc = face_recognition.face_locations(rgb)
25.         if np.size(loc) == 0:
26.             return False, None, None
```

- resize() 函数用于调整图像大小，其中参数 fx、fy 指定缩放后图像长、宽相对原图的比例；
- cvtColor() 函数用于实现颜色空间转换，将调整大小后的图片 small 从 BGR 色彩空间转换成 RGB 色彩空间；
- 程序中 OpenCV 函数的使用方法详见官方文档。

- face_locations()是人脸定位函数，该函数使用 CNN 深度学习模型或方向梯度直方图（hstogram of oriented gradient，HOG）进行人脸定位，默认使用 HOG。返回值是一个数组（top，right，bottom，left），表示人脸所在矩形框的坐标位置。

```
27.         encs = face_recognition.face_encodings(rgb, loc)
28.         y1, x2, y2, x1 = loc[0]
29.         return True, (x1 * __class__.RESIZE_FACTOR,
30.                       y1 * __class__.RESIZE_FACTOR,
31.                       x2 * __class__.RESIZE_FACTOR,
32.                       y2 * __class__.RESIZE_FACTOR), encs[0]
33.     def rec(self, img):
34.         ret, rect, enc = self.__rec(img)
35.         print("locations rectangle: ", rect)
36.         if ret == False:
37.             return False, img
38.         cv.rectangle(img, (rect[0], rect[1]), (rect[2], rect[3]), (0, 255, 0), 2)
```

- rectangle()函数在图片 img 上绘制一个矩形框，其中(rect[0], rect[1])是矩形框左上角的坐标，(rect[2], rect[3])是矩形框右下角的坐标，(0, 255, 0)指定边框颜色，2 指定线条宽度。
- face_encodings()是人脸编码函数，给定一幅图像和人脸定位边框，则返回图像中每张人脸的 128 维人脸编码（特征向量）。

```
39.         dists = face_recognition.face_distance(self.__encodings, enc)
40.         print("dists: ", dists)
41.         if np.size(dists) != 0:
42.             index = np.argmin(dists)
43.             if dists[index] <= __class__.TOLERANCE:
44.                 name = self.__names[index]
45.                 print("name: ", name)
46.                 cv.putText(img, name, (rect[0], rect[1]), cv.FONT_HERSHEY_
                    SIMPLEX, 0.5, (0, 0, 255), 2)
```

- putText()函数在图片 img 的指定位置进行文本写入，其中 name 指定需要写的内容，(rect[0], rect[1])指定写入位置的左下角的坐标，cv.FONT_HERSHEY_SIMPLEX 指定字体，0.5 指定字体大小，(0, 0, 255)指定颜色，2 指定字体的厚度。
- face_distance()是人脸编码比对函数，该函数计算人脸编码列表中每个编码和待识别人脸编码间的特征向量距离（欧氏距离），利用 argmin()函数获取最短欧氏距离对应的人脸编码的序号，若该欧氏距离小于 TOLERANCE 阈值，即可判定待识别人脸与此序号人脸为相同人脸，否则为不同人脸。

```
47.                 return True, img
48.         cv.putText(img, "unknown", (rect[0], rect[1]), cv.FONT_HERSHEY_SIMPLEX,
            0.5, (0, 0, 255), 2)
49.         return False, img
50.     def reg(self, img, name):
51.         ret, rect, enc = self.__rec(img)
52.         print("locations rectangle: ", rect)
53.         if ret == False:
54.             print("there is no face, register fail")
55.             cv.putText(img, "register fail", (0, 20), cv.FONT_HERSHEY_SIMPLEX,
                0.5, (0, 0, 255), 2)
```

```
56.            return False, img
57.        cv.rectangle(img, (rect[0], rect[1]), (rect[2], rect[3]), (0, 255, 0), 2)
58.        if name in self.__names:
59.            index = self.__names.index(name)
60.            self.__encodings[index] = enc.tolist()
61.        else:
62.            self.__encodings.append(enc.tolist())
63.            self.__names.append(name)
64.        newJson = {"names" : self.__names,
65.                   "encodings" : self.__encodings}
66.        with open(self.__db, 'w') as f:
67.            json.dump(newJson, f, indent = 4)
68.        return True, img
69. if __name__ == '__main__':
70.     cam = camera()
71.     cam.start()
72.     face = FaceRec()
73.     while True:
74.         img = cam.getImg()
75.         if img is not None:
76.             ret, img = face.reg(img, "xyz")
77.             if ret == True:
78.                 cv.imshow("reg", img)
79.         if cv.waitKey(30) & 0xFF == ord('q'):
80.             break;
81.     cam.stop()
```

进入 ch4 目录，执行命令"python3 face_rec.py"，程序 face_rec.py 的运行结果如图 4.2 所示。

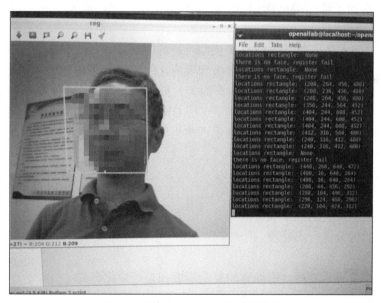

图 4.2　程序 face_rec.py 的运行结果

复习思考题

修改 RESIZE_FACTOR 和 TOLERANCE 的值，观察运行结果并进行分析。

4.1.3 人脸属性识别

人脸是一种非常重要的生物特征，具有结构复杂、细节变化多等特点，同时蕴含了大量的信息，比如性别、种族、年龄、表情等。主流的人脸属性识别算法主要包括性别识别、种族识别、年龄估计、表情识别等。

年龄估计的定义并不明确。如果将年龄分成几类，比如少年、青年、中年和老年，年龄估计就是分类问题；如果要精确地估计具体年龄，年龄估计就是回归问题。通过观察外表很难准确地判断出一个人的年龄。人脸的年龄特征通常表现在皮肤纹理、皮肤颜色、皮肤的光亮程度和皱纹纹理等方面，而这些因素同时也与个人的遗传基因、生活习惯、性别和性格特征，以及工作环境等相关，所以很难用一个统一的模型去定义人脸图像的年龄属性。想要较好地估计人的年龄，则需要通过大量样本的学习。

表情是情绪状态和心理状态的一种重要表现形式，通过表情可以得到很多有价值的信息，比如人的意识和心理活动等，这也就是我们常说的表情识别。

表情识别的目的是研究一个自动、高效、准确的系统来识别人脸的表情状态，进而通过表情信息了解人的情绪，比如高兴、悲伤、愤怒、恐惧、惊讶、厌恶等。在识别算法中，比较有名的是融合 LBP 和局部稀疏表示的表情识别算法。

开放神经网络交换（open neural network exchange，ONNX）是微软和脸书（Facebook）提出的用来表示深度学习模型的开放格式。所谓开放就是 ONNX 定义了一组与环境、平台均无关的标准格式，来增强各种 AI 模型的可交互性。无论使用何种训练框架训练模型（如 TensorFlow、PyTorch、OneFlow、Paddle 等），在训练完毕后都可以将这些框架的模型统一转换为 ONNX 格式进行存储。注意 ONNX 文件不仅存储了神经网络模型的权重，同时存储了模型的结构信息，以及网络中每一层的输入、输出和其他的一些辅助信息。

ONNX Runtime 是一个用于 ONNX 模型推理的引擎,适用于 Linux、Windows 和 MacOS 平台。ONNX Runtime 在设计上是轻量级和模块化的，CPU 的构建代码只有几 MB。很多业界领先的企业，如英伟达、英特尔、高通等，都在积极将自己的技术与 ONNX Runtime 实现集成和整合，使自己的服务能够完整支持 ONNX 规范，同时实现性能的最优化。

使用 ONNX Runtime 实现人脸属性识别的流程如下。

（1）加载模型。
（2）读取图片。
（3）对图片进行人脸检测。
（4）把检测到人脸的部分裁剪出来。
（5）对人脸部分进行预处理。
（6）推理。
（7）对结果进行后处理，后处理的复杂程度和是否量化有关。
（8）显示图片。

1．安装 ONNX Runtime

复制 models 和 img 文件夹到 ch4 目录下。
进入 ch4 目录下的 onnxruntime install 目录，执行脚本文件 install.sh 进行安装。

脚本文件的内容为"cp -rf ./lib/* /home/openailab/.local/lib/python3.6/site-packages"。

2．检查安装结果

安装完成后，首先执行命令"python3"，随后执行命令"import onnxruntime"，出现报错信息"illegal instruction (core dumped)"。

在根目录下修改文件.bashrc，在其中添加"export OPENBLAS_CORETYPE=ARMV8"。保存文件后，在根目录下执行命令"source .bashrc"。

再次进入 Python 3，执行命令"import onnxruntime"，没有错误。

上述操作如图 4.3 所示。

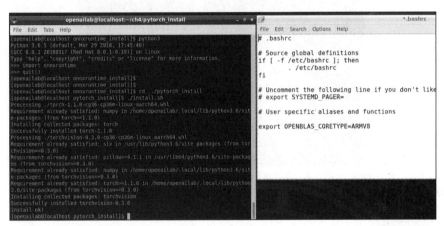

图 4.3　检查安装结果

3.编写和运行人脸属性识别程序

编写程序 face_attr.py，主要代码如下。

```
1.    import cv2 as cv
2.    import numpy as np
3.    import face_recognition
4.    import onnxruntime as ort
5.    import os, sys
6.    sys.path.append(os.path.join(os.path.abspath(os.path.dirname(__file__)), "../ch2"))
7.    from video4 import camera
8.    class FaceAttr:
9.        MODEL_PATH = os.path.join(os.path.abspath(os.path.dirname(__file__)), "./
          models/mobilenet_v2_0.25_160x160x3_age_smile_gender_glass_beauty_eyegaze_v1_
          epoch_199_val_loss0.onnx")
10.       RESIZE_FACTOR = 2
11.       EXTEND_X = 0.1
12.       EXTEND_Y = 0.2
13.       EMOTION_THRESHOLD = 0.4
14.   if __name__ == '__main__':
15.       cam = camera()
16.       cam.start()
17.       face = FaceAttr()
18.       while True:
19.           img = cam.getImg()
20.           if img is not None:
```

```
21.            img = face.process(img)
22.            cv.imshow("reg", img)
23.            if cv.waitKey(30) & 0xFF == ord('q'):
24.                break;
25.    cam.stop()
```

运行程序 face_attr.py，显示年龄、表情属性，如图 4.4 所示。

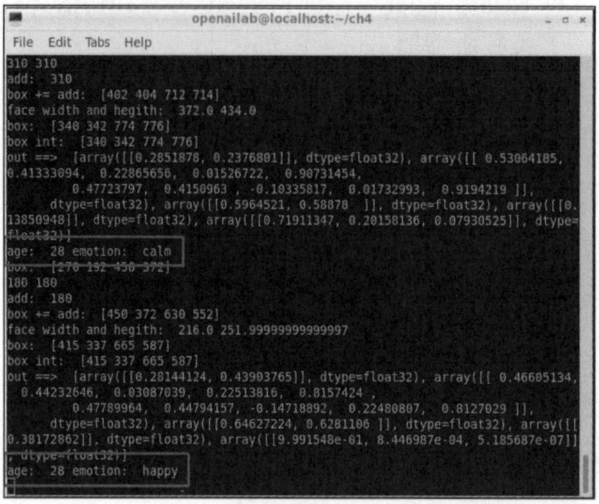

图 4.4 程序 face_attr.py 的运行结果

复习思考题

修改程序 face_attr.py，框出人脸并显示年龄、表情等属性。

4.1.4 人脸识别门禁

人脸识别门禁的功能示意图如图 4.5 所示。人脸注册包括摄像头单张图像注册、图像文件批量注册功能；人脸删除即批量删除姓名列表；人脸识别采用多线程、多进程调用识别算法实现。

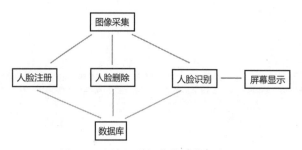

图 4.5 人脸识别门禁的功能示意图

1．人脸识别

（1）编写程序 face_access.py，主要代码如下。

```
1.  import cv2 as cv
2.  import numpy as np
```

```
3.    from multiprocessing import Process, Queue, Manager
4.    import threading
5.    import time
6.    import json
7.    import face_recognition
8.    import copy
9.    import os, sys
10.   sys.path.append(os.path.join(os.path.abspath(os.path.dirname(__file__)), "../ch2"))
11.   from video4 import camera
12.   class FaceAccess:
13.       RESIZE_FACTOR = 4
14.       TOLERANCE = 0.55
15.       FALSE = 0
16.       TRUE = 1
17.       STATE_NONE = 0
18.       STATE_RECOGNIZE = 1
19.       STATE_REGISTER = 2
20.       STATE_DELETE = 3
21.   if __name__ == '__main__':
22.       cam = camera()
23.       cam.start()
24.       face = FaceAccess()
25.       face.start()
26.       imgReg = None
27.       while True:
28.           img = cam.getImg()
29.           if img is not None:
30.               face.loadImg(img)
31.               cv.imshow("reg", img)
32.               crop_img = face.getCropImg()
33.               if crop_img is not None:
34.                   cv.imshow("recognition", crop_img)
35.           if cv.waitKey(30) & 0xFF == ord('q'):
36.               imgReg = img
37.               break;
38.       face.stop()
39.       cam.stop()
```

（2）执行命令"python3 face_access.py"运行程序，弹出新的窗口，其中 recognition 窗口显示用户信息，未注册用户则显示 unknown，如图 4.6 所示；注册用户则显示注册名称，如图 4.7 所示。

图 4.6　未注册用户

图 4.7　注册名称

2．人脸注册（摄像头单张图像注册）

（1）编写程序 face_register_name.py，代码如下。

```python
1.  import cv2 as cv
2.  import time
3.  import os, sys
4.  sys.path.append(os.path.join(os.path.abspath(os.path.dirname(__file__)), "../ch2"))
5.  from video4 import camera
6.  from face_access import FaceAccess
7.  if __name__ == '__main__':
8.      name = sys.argv[1]
9.      print(name)
10.     cam = camera()
11.     cam.start()
12.     face = FaceAccess()
13.     print(face.getNameList())
14.     face.start()
15.     imgReg = None
16.     while True:
17.         img = cam.getImg()
18.         if img is not None:
19.             face.loadImg(img)
20.             cv.imshow("camera", img)
21.         if cv.waitKey(30) & 0xFF == ord('q'):
22.             imgReg = img
23.             break;
24.     ret, img = face.register(img = imgReg, name = name)
25.     cv.imshow("camera", img)
26.     if ret == True:
27.         print("register ok! --> ", name)
28.     else:
29.         print("register fail! --> ", name)
30.     cv.waitKey(2000)
31.     face.stop()
32.     cam.stop()
```

（2）执行命令"python3 face_register_name hein"，运行程序，注册新用户 hein，如图 4.8 所示。

图 4.8 注册新用户

（3）新用户注册成功后，执行命令"python3 face_access.py"，运行人脸识别程序。若程序检测到新注册的用户，则会将用户名 hein 显示在 recognition 窗口上，如图 4.9 所示。

图 4.9　检测到新用户后显示用户名

3．人脸注册（图像文件批量注册）

（1）编写程序 face_register_path.py，代码如下。

```python
1.  import cv2 as cv
2.  import time
3.  import os, sys
4.  sys.path.append(os.path.join(os.path.abspath(os.path.dirname(__file__)), "../ch2"))
5.  from video4 import camera
6.  from face_access import FaceAccess
7.  if __name__ == '__main__':
8.      if len(sys.argv) != 2:
9.          print("useage: ./face_register_name.py path")
10.         exit(0)
11.     path = sys.argv[1]
12.     print(path)
13.
14.     face = FaceAccess()
15.     print(face.getNameList())
16.     face.register(path = path)
17.     imgs = face.getRegPathImgs()
18.     for img in imgs:
19.         cv.imshow("register", img)
20.         if cv.waitKey(2000) & 0xFF == ord('q'):
21.             break;
```

（2）执行命令"face_register_path.py path"，运行程序，对 path 目录下的多张 jpg 格式图片中的人脸进行注册。

◆ 注意，path 为绝对路径，即从根目录开始的路径，如/home/openailab/Downloads；
◆ 多张图片不能是同一个人，每张图片中只能有一个人；
◆ 图片中人脸不能太大，不能占满整张图片；
◆ 检测到人脸时显示该图片的文件名。

4．人脸删除

（1）编写程序 face_delete.py，代码如下。

```
1.   import cv2 as cv
2.   import time
3.   import os, sys
4.   sys.path.append(os.path.join(os.path.abspath(os.path.dirname(__file__)), "../ch2"))
5.   from video4 import camera
6.   from face_access import FaceAccess
7.   if __name__ == '__main__':
8.       if len(sys.argv) != 2:
9.           print("useage: ./face_delete.py name")
10.          exit(0)
11.      name = "iii"
12.      name = sys.argv[1]
13.      print(name)
14.      face = FaceAccess()
15.      print(face.getNameList())
16.      ret = face.deleteNames([name])
17.      if ret == True:
18.          print("delete: ", name)
```

（2）执行命令 "python3 face_delete.py hein"，删除已注册用户 hein，如图 4.10 所示。

图 4.10　删除已注册用户

（3）删除用户 hein 后，执行命令 "python3 face_access.py"，程序检测用户 hein 后将在 recognition 窗口上显示 unknown。

复习思考题

（1）理解上述程序代码的含义。
（2）修改代码，进行个性化设计。

4.1.5　基于 PyQt 的人脸识别系统界面设计

PyQt 是基于 Qt 的 Python 界面开发工具，是一个跨平台的工具包，可以运行在大多数主流操作系统上，包括 Linux、Windows 和 MacOS。

PyQt 有超过 300 个类、近 6000 个函数和方法，主要的类介绍如下。

（1）QtCore：包含核心的非 GUI 功能，用于处理时间、文件和目录、各种数据类型、流、网址、MIME 类型、线程和进程。

（2）QtGui：包含图形组件和相关的类，如按钮、窗体、状态栏、工具栏、滚动条、位图、颜色、字体等。

（3）QtNetwork：包含网络编程的类，用于编写 TCP/IP 和 UDP 的客户端和服务器程序，使网络编程更简单、更轻便。

（4）QtXml：包含使用 XML 文件的类，提供 SAX 和 DOM API 的实现。

（5）QtSvg：包含显示可缩放矢量图形（SVG）文件的类。SVG 是一种用于描述二维图形和图形应用程序的 XML 语言。

（6）QtOpenGL：使用 OpenGL 库渲染 3D 和 2D 图形，能够无缝集成 Qt 的 GUI 库和 OpenGL 库。

（7）QtSql：包含用于数据库的类。

1．安装 PyQt

（1）执行命令"sudo dnf install python3-devel"和"sudo dnf install qt5-devel"，分别安装 python3-devel 和 qt5-devel。

（2）将本书提供的 pyqt5_install 文件夹复制到 ch4 文件夹下，进入该目录后执行命令"./install.sh"，安装 sip 和 pyqt5。

◆ 也可以不使用本书提供的 pyqt5_install 文件夹进行安装，但编译需要大约 4 小时。

复习思考题

分析 install.sh 代码，了解该脚本做了哪些工作。

2．测试

（1）进入 Python 环境，测试安装是否正确，如图 4.11 所示。

图 4.11　测试环境

（2）在 Programming 中添加 Qt Designer，运行界面如图 4.12 所示。

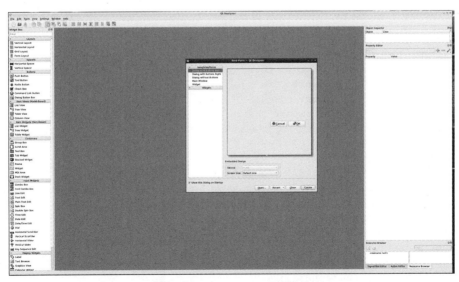

图 4.12　Qt Designer 运行界面

3. 设计 UI 界面

UI 界面的设计方式与 2.2 节类似，效果如图 4.13 所示，对应本书提供的程序 access.ui。

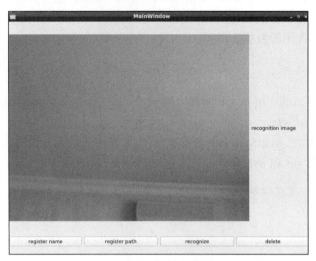

图 4.13　UI 界面效果

- PyQt 的优点在于可以直接使用 Qt Designer 的 .ui 文件；
- 先使用 Qt Designer 摆放布局，设置属性，然后导入生成的 .ui 文件，就可以直接使用其中的控件了。

复习思考题

参考图 4.13 的 UI 界面效果，编写人脸识别界面。

4. 编写程序

（1）编写程序 access.py，主要代码如下。

```
1.  import sys, os
2.  from PyQt5.uic import loadUi
3.  from PyQt5 import QtCore, QtGui, QtWidgets
4.  from PyQt5.QtCore import QTimer
5.  from PyQt5.QtGui import QImage, QPixmap
6.  from PyQt5.QtWidgets import QMainWindow, QApplication
7.  from PyQt5.QtWidgets import QMessageBox, QInputDialog, QLineEdit, QFileDialog
8.  import time
9.  import threading
10. import cv2 as cv
11. sys.path.append(os.path.join(os.path.abspath(os.path.dirname(__file__)), "../../ch2"))
12. sys.path.append(os.path.join(os.path.abspath(os.path.dirname(__file__)), "../"))
13. from video4 import camera
14. from face_access import FaceAccess
15. class MainWindow(QMainWindow):
16.     def registerName(self):
17.         self.__buttonDisable()
18.         text, ret = QInputDialog.getText(self, "title", "label", QLineEdit.
```

```python
         Normal, "default")
19.         if ret and len(text) != 0:
20.             print(text)
21.             ret, img = self.__faceAccess.register(img = self.__img, name = text)
22.             self.__setVideoImg(img)
23.             if ret == True:
24.                 self.__regHold = True
25.                 self.__regHoldTime.start(2000)
26.                 print("register ok! --> ", text)
27.             else:
28.                 print("register fail! --> ", text)
29.         else:
30.             self.__buttonEnable()
31.             print("register name cancel")
32.     def registerPath(self):
33.         self.__buttonDisable()
34.         path = QFileDialog.getExistingDirectory(self, "directory", "/home/openailab/")
35.         if path != '':
36.             self.__faceAccess.register(path = path)
37.             self.__regImgs = self.__faceAccess.getRegPathImgs()
38.             if len(self.__regImgs) != 0:
39.                 self.__regHold = True
40.                 img = cv.resize(self.__regImgs[0], (640, 480))
41.                 self.__setVideoImg(img)
42.                 del self.__regImgs[0]
43.                 self.__regHoldTime.start(2000)
44.         else:
45.             self.__buttonEnable()
46.             print("register path cancel")
47.     def __recognizeDisable(self):
48.         self.__recogState = False
49.         self.label_rec.clear()
50.         self.pushButton_reg_name.setEnabled(True)
51.         self.pushButton_reg_path.setEnabled(True)
52.         self.pushButton_delete.setEnabled(True)
53.     def __recognizeEnable(self):
54.         self.__recogState = True
55.         self.pushButton_reg_name.setEnabled(False)
56.         self.pushButton_reg_path.setEnabled(False)
57.         self.pushButton_delete.setEnabled(False)
58.     def recognize(self):
59.         if self.__recogState:
60.             self.__recognizeDisable()
61.         else:
62.             self.__recognizeEnable()
63.     def delete(self):
64.         text, ret = QInputDialog.getText(self, "title", "label", QLineEdit.Normal, "default")
65.         if ret and len(text) != 0:
66.             self.__buttonDisable()
67.             names = text.split()
68.             ret = self.__faceAccess.deleteNames(names)
69.             print("delete names: ", names)
70.             self.__buttonEnable()
71.         else:
72.             print("delete name cancel")
```

```
73.     def closeEvent(self, ev):
74.         print("close")
75.         self.__recognizeDisable()
76.         self.pushButton_recognize.setChecked(False)
77.         self.__faceAccess.loadImg(None)
78.         time.sleep(2)
79.         self.stop()
80.         ev.accept()
81. app = QApplication(sys.argv)
82. window = MainWindow()
83. window.show()
84. sys.exit(app.exec())
```

◆ 所有的应用都是事件驱动的，事件大部分都是由用户的行为产生的（当然也有其他的事件产生方式，如网络的连接、窗口管理器或者定时器等）；
◆ 调用应用的 exec_()方法时，应用会进入主循环，主循环会监听和分发事件。

（2）运行程序，在图 4.13 所示的界面中单击各个按钮，观察效果。

复习思考题

（1）理解上述程序代码的含义。
（2）修改代码，进行个性化设计。

4.2 人脸识别的 C++实现

人脸识别的
C++实现

与 4.1 节类似，本例中人脸识别的应用主要包括 4 个组成部分：人脸检测与跟踪、人脸属性识别、人脸特征提取及人脸图像匹配与识别。

1．人脸检测与跟踪

人脸检测就是在图像中定位人脸位置，在这个过程中，系统的输入是一张可能含有人脸的图片，输出是标示人脸位置的矩形框。人脸跟踪就是在人脸检测的前提下，在视频中持续获取人脸的位置和大小等信息。

2．人脸属性识别

检测到人脸后，可以对人脸进行分析，获取眼、口、鼻轮廓等 72 个关键点定位，准确识别多种人脸属性，如性别、年龄、表情等。人脸属性识别技术可适应大角度侧脸、遮挡、模糊、表情变化等各种实际情况。人脸属性识别算法的输入是一张人脸图和人脸五官关键点坐标，输出是相应的人脸属性值。

3．人脸特征提取

人脸特征提取是对人脸进行特征建模的过程。

4．人脸图像匹配与识别

人脸图像匹配与识别是对输入的人脸图对应的人物身份作出判断的过程。

4.2.1 Vision.Face 简介

Vision.Face 是 OPEN AI LAB 推出的基于 Tengine 的嵌入式前端人脸识别解决方案。Vision.Face 使用领先的人脸识别算法、优秀的人脸检测算法、独创的人脸质量评价算法，提供基于 RGB+IR 双目/双摄像头的活体防伪功能及双摄像头可视区域校准算法。在使用 Tengine 带来的算力提升的同时，Vision.Face 需要的内存更小，可在低功耗、低成本、高性价比的嵌入式智能终端上进行高效部署。

Vision.Face SDK 提供友好、简洁、通用的 API，可快速部署到目标硬件平台，加速了人脸识别终端的快速产品化落地。作为商用人脸解决方案，Vision.Face SDK 提供商用级别的人脸识别算法，以及应用实例源码，其中包含人脸检测、跟踪、识别及比对算法，提供基于嵌入式、离线模式的高精度高速人脸识别能力。Vision.Face SDK 能够实现人脸识别、真/假人检测，配以抗逆光、抗模糊的图像优化算法来应对复杂光线环境，适用于门禁、考勤、迎宾、闸机等通行准入场景，有助于实现智能化安全管控。

Vision.Face SDK 源码整体目录结构如图 4.14 所示。

其中，models 目录是模型目录，存放人脸识别模型文件 mfn.tmfile、mobilefacenet.tmfile，人脸检测模型文件 det1.tmfile、det2.tmfile、det3.tmfile，人脸属性模型文件 face_attr.tmfile 等。libs 目录存放 vision.sdk 人脸识别算法库（libface.so），编程时调用 Vision.Face SDK 的接口。

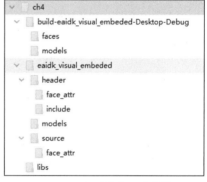

图 4.14 源码整体目录结构

4.2.2 编写 mainwindow 程序

本案例程序的整体流程图如图 4.15 所示。

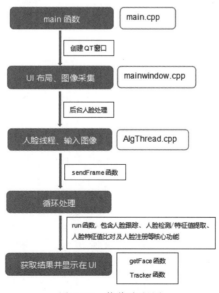

图 4.15 整体流程图

程序以 main() 函数为入口，在 main.cpp 中创建显示窗口，具体显示内容在 mainwindow.cpp 中实现。

mainwindow.cpp 程序包含构造函数、updateImage() 函数、open_camera() 函数等重要函数，主要实现两个功能：UI 显示和图像采集。

1. 构造函数

（1）所有对象在创建时，都需要初始化后才可以使用，而构造函数就是用于对对象进行初始化的，在堆内存中开辟出一个空间来存放创建的对象并赋初始值。

```
connect(&theTimer, &QTimer::timeout, this, &MainWindow::updateImage);
connect(ui->face_attr_2, SIGNAL(clicked(bool)), this, SLOT(convert_to_face_attr()));
connect(ui->face_rec_2, SIGNAL(clicked(bool)), this, SLOT(convert_to_face_rec()));
connect(ui->rb_face_track, SIGNAL(clicked(bool)), this, SLOT(convert_to_face_track()));
```

（2）其他 connect() 函数对应 UI 界面的各个按钮及其槽函数。

```
connect(ui->regist, SIGNAL(clicked(bool)), this, SLOT(user_regist()));
connect(ui->cancel, SIGNAL(clicked(bool)), this, SLOT(user_cancel_regist()));
connect(ui->ok, SIGNAL(clicked(bool)), this, SLOT(user_save_regist()));
connect(ui->ok_2, SIGNAL(clicked(bool)), this, SLOT(get_user_name()));
connect(ui->cancel_2, SIGNAL(clicked(bool)), this, SLOT(back_to_face_rec()));
```

2. updateImage() 函数

updateImage() 函数是 UI 显示的核心函数，是 theTimer 对应的槽函数，该函数每隔 33ms 执行一次，填充视频窗口的区域。该函数是 mainwindow.cpp 文件中最重要的函数，它实现图像的显示、人脸识别算法处理结果的显示等功能。

```
void MainWindow::updateImage()
{
    ui->label_diku->clear();
    ui->label_diku_2->clear();
    cam->videoCapL>>cam->srcImageL;
```

代码 "cam->videoCapL>>cam->srcImageL" 的功能是获取摄像头数据并存入 srcImageL 变量。

updateImage() 函数调用了 face_rec_enabled、face_attr_enabled、face_track_enabled 等变量。

3. 人脸识别处理部分

（1）变量 face_rec_enabled 表示打开人脸识别功能，{} 内是人脸识别处理部分的代码。

```
if(face_rec_enabled)
{
  algThd->setUseApiParams(0);
  algThd->face_rec_label = true;
  cv::resize(cam->srcImageL, ResImg, ResImgSiz, CV_INTER_LINEAR);
  algThd->sendFrame(ResImg, cam->srcImageL);
  Mface face_result = algThd->getFace();
  char facepath[256];
  sprintf(facepath,"%s/%s.png","./faces/", face_result.name);
```

```
    if(!face_result.drawflag){
    }
```

（2）获取人脸图像后，line()函数画矩形框标示图像中的人脸，label_diku_2 用于显示人脸图像。

```
148.        if(face_result.drawflag && strcmp(face_result.name, "")!=0 &&
                strcmp(face_result.name, "unknown")!=0){
149.            if(access(facepath, F_OK) < 0) {
150.                printf("%s:%d %s not exist.\n", __func__, __LINE__, facepath);
151.                return;
152.            }
153.            int x = face_result.pos[0].x;
154.            int y = face_result.pos[0].y;
155.            int w = face_result.pos[0].width;
156.            int h = face_result.pos[0].height;
157.            line(cam->srcImageL, cvPoint(x, y), cvPoint(x, y + 20),
                    cvScalar(0, 255, 0, 0), 2);
158.            line(cam->srcImageL, cvPoint(x, y), cvPoint(x + 20, y),
                    cvScalar(0, 255, 0, 0), 2);
159.            line(cam->srcImageL, cvPoint(x + w - 20, y), cvPoint(x + w,
                    y), cvScalar(0, 255, 0, 0), 2);
160.            line(cam->srcImageL, cvPoint(x + w, y), cvPoint(x + w, y +
                    20), cvScalar(0, 255, 0, 0), 2);
161.            line(cam->srcImageL, cvPoint(x, y + h), cvPoint(x + 20, y +
                    h), cvScalar(0, 255, 0, 0), 2);
162.            line(cam->srcImageL, cvPoint(x, y + h), cvPoint(x, y +
                    h - 20), cvScalar(0, 255, 0, 0), 2);
163.            line(cam->srcImageL, cvPoint(x + w, y + h), cvPoint(x +
                    w, y + h - 20), cvScalar(0, 255, 0, 0), 2);
164.            line(cam->srcImageL, cvPoint(x + w, y + h), cvPoint(x +
                    w - 20, y + h), cvScalar(0, 255, 0, 0), 2);
165.            Mat diku = cv::imread(facepath);
166.            cvtColor(diku, diku, CV_BGR2RGB);
167.            QImage image1 = QImage((uchar*)(diku.data), diku.cols,
                    diku.rows, QImage::Format_RGB888);
168.            ui->label_diku->setPixmap(QPixmap::fromImage(image1));
169.            ui->label_diku->resize(image1.size());
170.            ui->label_diku->show();
171.            cv::Mat realtime_face;
172.            cam->srcImageL(Rect(face_result.pos[0].x, face_result.pos[0].
                    y,face_result.pos[0].width, face_result.pos[0].height)).
                    copyTo(realtime_face);
173.            cvtColor(realtime_face, realtime_face, CV_BGR2RGB);
174.            cv::resize(realtime_face, realtime_face, Size(120, 120),
                    CV_INTER_LINEAR);
175.            QImage image12 = QImage((uchar*)(realtime_face.data), realtime_
                    face.cols, realtime_face.rows, realtime_face.cols* realtime_
                    face.channels(),QImage::Format_RGB888);
176.            ui->label_diku_2->setPixmap(QPixmap::fromImage(image12));
177.            ui->label_diku_2->resize(image12.size());
178.            ui->label_diku_2->show();
```

4．人脸属性识别处理部分

变量 face_attr_enabled 表示打开人脸属性识别功能，{}内是人脸属性处理部分的代码。

```
205.            else if(face_attr_enabled)
206.            {
207.                algThd->setUseApiParams(1);
208.                cv::resize(cam->srcImageL, ResImg, ResImgSiz, CV_INTER_LINEAR);
209.                algThd->sendFrame(ResImg, cam->srcImageL);
210.                Mface face_result = algThd->getFace();
```

5．人脸跟踪处理部分

变量 face_track_enabled 表示打开人脸跟踪功能，{}内是人脸跟踪处理部分的代码。

```
246.            }else if(face_track_enabled){
247.                algThd->setUseApiParams(6);
248.                cv::resize(cam->srcImageL, ResImg, ResImgSiz, CV_INTER_LINEAR);
249.                algThd->Tracker(ResImg,cam->srcImageL);
250.                cv::resize(cam->srcImageL, ResImg, ResImgSiz, CV_INTER_LINEAR);
251.                algThd->sendFrame(ResImg, cam->srcImageL);
252.                Mface face_result = algThd->getFace();
```

人脸识别、人脸属性识别、人脸跟踪处理部分都用到了 setUseApiParams()、sendFrame()、getFace()函数。

setUseApiParams()函数设置算法处理策略，其中 0 表示人脸识别，1 表示人脸属性识别，6 表示人脸跟踪。

sendFrame()函数将采集的图像发送到算法线程进行处理。

getFace()函数获取返回的人脸数据。mainwindow.cpp 程序采集图像时，调用 sendFrame()函数，把采集的图像数据发送给循环处理的算法线程，并通过 getFace()函数获取结果并显示。

6．open_camera()函数

open_camera()函数用来获取 USB 摄像头采集的视频图像，获取的图像作为人脸识别算法函数的输入。其中参数 0 表示 USB 摄像头的设备节点（/dev/video0），当该节点不存在或者非 USB 摄像头设备时，图像采集会失败。

```
325.            if(cam->videoCapL.open(0))
326.            {
327.                cam->srcImageL = Mat::zeros(cam->videoCapL.get(CV_CAP_PROP_FRAME_
                        HEIGHT), cam->videoCapL.get(CV_CAP_PROP_FRAME_WIDTH), CV_8UC3);
328.                theTimer.start(33);
329.            }
```

4.2.3　编写 AlgThread 程序

在 mainwindow.cpp 程序的构造函数中，创建了人脸识别算法的线程对象 algThd，并调用 start()函数开启人脸识别处理线程。

```
99.             ConfigParam param;
100.            LoadConfig(param,false);
101.            algThd = new AlgThread(param);
102.            algThd->start();
103.            ResImgSiz = cv::Size(NORMAL_FRAME_W, NORMAL_FRAME_H);
```

人脸识别算法实现的流程是输入图像、深度学习类型人脸算法处理、返回结果、窗口显示，其内容是在 AlgThread.cpp 中实现的。AlgThread.cpp 的线程函数 run()实现人脸跟踪、人脸检测、特征提取、特征比对、人脸注册等核心功能。它是一个 while(1)循环函数，参数 param.useapi 为 0 表示人脸识别，为 1 表示人脸属性识别，为 6 表示人脸跟踪。

```
210.    void AlgThread::run()
211.    {
212.        static unsigned long long tv_start, tv_end,t0,t1;
213.        float feature0[FEATURE_SIZE];
214.        float feature1[FEATURE_SIZE];
215.        float score;
216.        for (int i=0;i<FEATURE_SIZE;++i) {
217.            feature0[i]=0.1;
218.            feature1[i]=1.0;
219.        }
220.        while(1) {
221.            int res;
222.            int ret;
223.            Mat mat;
224.            Mat grayframe;
225.            if(thread_status_exit == 1)
226.                return;
227.            if(6 == param.useapi) {
228.                continue;
229.            }
230.            std::unique_lock<std::mutex> lck(m_mtx_reg);
231.            getframe(mat);
232.            getSrcframe(grayframe);
233.            if (mat.empty()) continue;
234.            int face_recognize_return_value = FaceRecognize(mat,grayframe,0);
```

上述代码最后一行中的 FaceRecognize()是人脸识别函数；下方代码中 GetFeature()函数的作用是获取特征，提取检测到的人脸的特征值；Register()函数实现人脸注册，将特征值存入数据库；CompareFaceDB()函数实现人脸比对。

```
268.            ret=faceapp::GetFeature(mFace,feature1,&res);
269.            if (ret!=SUCCESS) {
270.                printf("%s %d get feature fail....\n", __FUNCTION__, __LINE__);
271.                t0=tv_start;
272.                if(ret==ERROR_BAD_QUALITY)
273.                    m_face.name="unknown";
274.                continue;
275.            }
276.            if(regist_label){
277.                Register(mat, feature1, (char*)reg_name.c_str());
278.                regist_label = false;
279.                reg_name = "";
280.            }
281.            if(face_rec_label){
282.                ret = CompareFaceDB(feature1);
283.                if(ret >= 0)
284.                {
285.                }
286.            }
```

vision.sdk 的使用流程是初始化→人脸检测→人脸特征提取→人脸注册→人脸特征比对，上述函数的调用顺序基本上符合 vision.sdk 的使用流程。

4.2.4 运行程序

1．使用 Qt 运行程序

运行 Programming|Qt Creator，打开项目文件 eaidk_visual_embeded.pro 进行编译、运行。

2．通过命令行运行程序

（1）进入编译目录 build-eaidk_visual_embeded-Desktop-Debug。

（2）执行命令"chmod +x eaidk_visual_embedded"，为 eaidk_visual_embeded 文件添加执行权限。

（3）执行命令"./eaidk_visual_embedded"，运行程序，出现 FACE-SDK DEMO 窗口，左侧显示人脸算法的主要示例功能：人脸跟踪、人脸属性识别、人脸识别。

（4）调整摄像头角度，人脸区域出现绿色的矩形框，表示检测到了人脸。随着人脸在画面中上、下、左、右移动，矩形框会跟随人脸移动；右边区域显示检测到的人脸位置的坐标，以及人脸的宽、高等信息。

（5）人脸属性包含年龄、性别、表情等信息，如图 4.16 所示。

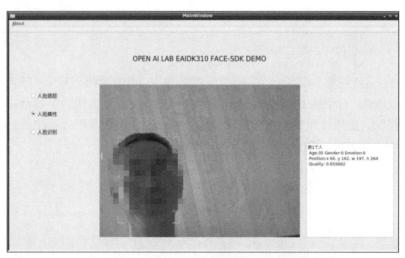

图 4.16 人脸属性信息

- Age，年龄；
  Gender，性别（0 为男性，1 为女性）；
  Emotion，表情（0 为平静，1 为高兴）；
- Position，人脸位置和大小信息（x、y 为人脸位置的左上角坐标，w、h 为人脸宽、高）；
- Quality，人脸图像质量。

（6）检测到的人脸与数据库中的人脸比对后，如果相似度超过 70%，系统会显示识别结果，name 即为人脸注册者的姓名。

- Score，相似度分值；
- Name，姓名。

复习思考题

（1）理解上述程序代码的含义。
（2）修改代码，进行个性化设计。

4.3 本章小结

本章首先介绍了人脸图像采集及检测、人脸图像预处理、人脸特征提取、人脸图像匹配与识别的基本概念；然后介绍了如何通过人脸识别库 Face Recognition 进行 Python 编程实现人脸识别，通过 ONNX Runtime 进行 Python 编程实现年龄、表情等人脸属性识别，通过多线程、多进程调用识别算法实现人脸识别门禁，以及基于 PyQt 的人脸识别系统界面设计；还介绍了如何通过 C++编程实现人脸识别处理、人脸属性识别处理、人脸跟踪处理等功能。

第 5 章 虹膜图像预处理

学习目标

（1）了解虹膜识别的基本概念、特点优势及虹膜识别系统的框架。
（2）熟练掌握虹膜图像读写、变换等预处理的 C++ 实现方法。
（3）了解虹膜图像的检测与定位原理。
（4）了解虹膜图像的精确定位与归一化原理。
（5）熟练掌握虹膜图像检测、精确定位和归一化的 C++ 实现方法。
（6）熟练掌握利用 pybind11 将 C++ 类和函数转换为 Python 接口的实现方法。

随着信息技术的发展，身份识别的重要性和价值表现得越来越突出。生物识别可以通过人体固有的生理特征或行为特征（即生物特征）鉴别身份，是一种方便、快捷、可靠的身份识别方法。常见的生物特征有指纹、人脸、虹膜、声纹、指静脉、DNA 等，其中虹膜是人体唯一的外部可见的内部器官组织，且受到眼睑和角膜的有效保护，不易受到损害。

虹膜识别具有非接触性、唯一性、稳定性、防伪性和生物活性等优点，适合大规模、高精度、非接触的身份识别要求。虹膜识别的典型应用领域包括智慧安防（门禁考勤）、智慧交通（海关通关）、民生政务（金融支付、社保服务、疫情防控）、教育考试、智能家居（虹膜锁）等，目前已实现商用的主流产品包括虹膜采集产品、便携式移动终端虹膜识别产品、中距离虹膜识别产品和远距离虹膜识别产品等。

要设计实现完整的虹膜识别产品和系统，虹膜检测与识别是其中最重要的技术环节，直接决定了产品和系统的识别准确率和使用体验。

5.1 虹膜识别技术概述

虹膜识别技术是基于虹膜纹理特征进行身份识别的生物识别技术。相比指纹或人脸识别，虹膜识别有更高的安全性和稳定性。完整的虹膜识别一般包括虹膜图像预处理、特征提取（虹膜编码）和特征匹配。其中，虹膜图像预处理包括虹膜定位、分割和归一化等步骤；特征提取是将虹膜纹理转化为方便比较和匹配的特征向量，是挖掘虹膜丰富纹理信息的核心步骤；特征匹配则是比较两幅虹膜图像的特征相似度，以确定它们是来自不同对象还是相同对象，从而达到识别身份的目的。

5.1.1 虹膜与虹膜识别

人的眼睛是由巩膜、虹膜、瞳孔、晶体、视网膜等部分组成，如图 5.1 所示。巩膜即眼球外围的白色部分，眼睛中心为瞳孔部分，位于黑色瞳孔和白色巩膜之间的圆环状区域称为虹膜。虹膜包含了丰富的纹理信息，包括褶皱、径向沟、隐窝、色素点和同心沟等细节特征，如图 5.2 所示。

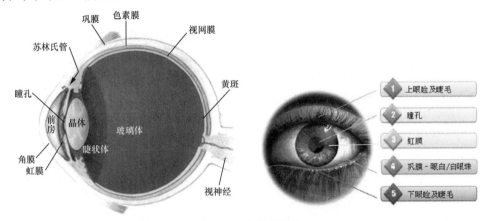

图 5.1 眼球解剖结构

通过计算机，利用人眼虹膜图像中没有规则、随机分布、因人而异的纹理特征进行身份识别的技术，就是虹膜识别。虹膜之所以能够用来识别身份，主要源于其两个方面的特点。

（1）通过大量的临床观察，眼科专家和解剖专家认为人与人之间虹膜的差异非常大，而且虹膜基本不随着时间的变化而变化。

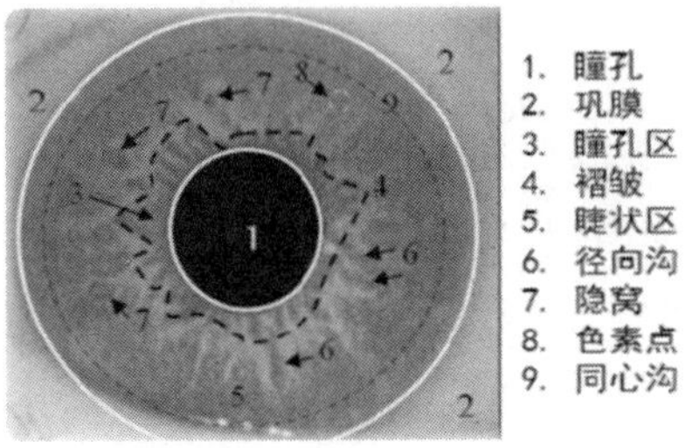

（2）生物学的发展揭示出，虽然虹膜的一般结构

图 5.2 虹膜外观图

是由基因决定的，但是它的形成严重地依赖于周围的环境，特别是胚胎期的初始条件。虹膜的形成近似一个完全随机的过程，所以含有丰富的细节信息。即使是基因型相同的孪生子，其虹膜也是有很大差异的。

基于虹膜特殊的生理结构，虹膜识别与其他生物识别方式相比具有以下特点。

第一，唯一性。虹膜组织细节丰富，其形成与胚胎时期的环境有关，具有极大的随机性。因而每个人虹膜组织的纹理具有高度的独特性，即使是同卵双胞胎，也不存在虹膜特征相同的实际可能性，甚至同一个人的左右两眼，其虹膜的细节特征也不相同。虹膜的唯一性为高精度的身份识别奠定了基础。英国国家物理实验室的测试结果表明：虹膜识别是各种生物识别方法中精确度最高的。

第二，稳定性。每个人的虹膜结构各不相同，虹膜组织的特征在出生 6—18 个月后就终身不变。虹膜的外部有透明的角膜将其与外界隔离，因此发育完全的虹膜不易受到外界的伤害而产生变化。一般性疾病也不会对虹膜组织造成损伤，不会出现无法识别的情况。

第三，防伪性。虹膜具有天然的防伪性。虹膜属于人体内部组织，其特征不易获取，需借助红外照明。而活体与假体对红外光的反射特性不同，活体的瞳孔大小会随光线强弱变化，具有每秒多达十余次的无意识缩放的震颤特性,因此可通过检测虹膜对光线强弱变化的反应,鉴别被识别虹膜是否来自活体。活体检验是一个生物识别系统中不可或缺的组成部分。

第四,便捷性。虹膜图像可以通过相隔一定距离的摄像机捕获,简单、方便,非接触。

这些特征是虹膜可以作为身份识别生物特征的重要条件,非常适合大规模、高精度、非接触的身份识别要求。

5.1.2 虹膜识别发展简史

虹膜识别最早可追溯到 1936 年,眼科医生从临床经验中发现人的每个虹膜具有丰富且独特的纹理,且常年不变,首次提出用虹膜图像进行身份识别。1985 年,眼科医生 L.Flom 和 A.Safir 申请了第一个虹膜识别的专利,提出了通过虹膜识别鉴别个人身份的理论。1993 年,John Daugman 提出了第一套虹膜识别算法,该算法准确性高、速度快,一经提出就在生物识别领域引起极大关注,并成功商用,John Daugman 也被称作虹膜识别算法理论的开创者。

此后,陆续有一些虹膜识别的产品被开发出来,虹膜识别也被证明是一个非常安全可靠的身份识别技术,在各个领域得到了广泛的应用。目前有很多国家的身份证中都包含虹膜信息,如印度、墨西哥、印度尼西亚等。在我国,中国科学院自动化研究所和上海交通大学从 1999 年就开始研究虹膜算法及产品。

随着机器学习与深度学习时代到来,虹膜识别技术逐渐从传统算法向深度学习技术靠拢;虹膜采集设备也逐渐从单目采集发展到双目采集,从单一模态转变到配合人脸采集的多模态;硬件平台也从只依赖 CPU 算力转变为支持 CPU、GPU、NPU、DSP 的异构算力,算法更加复杂,速度和体验也更佳;应用范围从原来的传统门禁考勤、入关边检发展到现在的建立国家级大规模虹膜库,并应用于人员检查、教育、医疗、社保、交通、金融、智能门锁、智能箱柜等领域,涉及国家安全、社会安全、企业安全和个人家庭安全等各个层面。这些改变也促使虹膜识别技术不断更新,系统不断完善。

5.1.3 虹膜识别系统框架

虹膜识别过程一般分为虹膜图像采集、图像预处理、特征提取和特征匹配 4 个步骤,如图 5.3 所示。

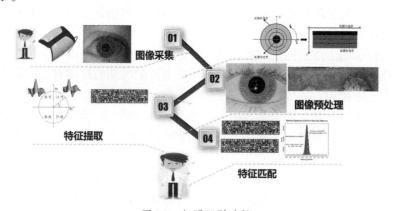

图 5.3 虹膜识别过程

虹膜图像采集是指使用虹膜采集设备对人的整个眼部进行拍摄,并将拍摄到的图像进行输出,可单独拍摄单眼图像,也可同时拍摄双眼图像。

由于拍摄到的眼部图像包含了很多多余信息，在清晰度等方面也不一定能满足要求，需要对其进行图像平滑、边缘检测、图像分割等预处理操作，同时还会对图像质量进行评估，只有满足质量要求的图像才能进行下一步的特征提取。图像预处理分为：虹膜定位、图像归一化、图像增强。

特征提取是指通过一定的算法从分割的虹膜区域图像中提取出独特的特征点，并对其进行特征编码。

特征匹配是指将特征编码与数据库中事先存储的虹膜图像特征编码进行比对、验证，从而达到身份识别的目的。

1．图像预处理

根据前面的介绍，图像预处理分为以下步骤：虹膜内外边缘及眼皮定位、睫毛和光斑滤除、虹膜图像归一化，如图 5.4 所示。

（a）原图　　（b）内外边缘及眼皮定位　　（c）虹膜图像归一化

图 5.4　图像预处理图示

图像预处理紧接着虹膜图像采集，是比较关键的步骤。虹膜定位容易受到眼睑遮挡、睫毛及光斑的干扰，也可能受到对焦模糊、运动模糊等的影响，造成虹膜定位不准，影响虹膜图像归一化，最终影响虹膜识别的准确性。因此虹膜图像预处理的效果及处理速度对整个虹膜识别系统至关重要。

2．特征提取

在这个阶段，使用纹理分析方法从归一化的虹膜图像中提取显著的特征，提取出的特征将用于编码，从而形成生物识别模板。常用的纹理分析方法有二维 Gabor 滤波算法（如图 5.5 所示）、小波变换算法、一维 Log-Gabor 滤波算法和离散余弦变换（DCT）算法等。利用上述算法对归一化图像进行滤波，对滤波后的特征图进行相位编码，从而形成虹膜特征码，其编码过程示意图如图 5.6 所示。

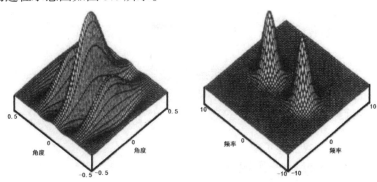

图 5.5　二维 Gabor 滤波器波形图及其傅里叶变换

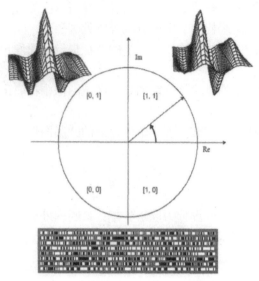

图 5.6 虹膜特征码及其编码过程示意图

3．特征匹配

特征提取阶段产生特征模板后，需要通过相应的匹配标准来比较模板之间的相似度。常见的比较算法有海明距离算法、欧氏距离算法、余弦距离算法等。

海明距离可用来衡量两个二进制模板间的差异。海明距离为 0 表示完美匹配，海明距离接近 0.5 说明两个模板几乎无关。通过计算两个模板间的海明距离并设定阈值，可判定两个模板是否属于同一人。海明距离可由两个模板的所有对应二进制位的异或之和求得。掩膜模板用于在计算中排除噪声区域，只有在掩膜模板中为 1 的位才可在对应模板中用于计算海明距离。由于模板是二进制的，所以海明距离的匹配速度较快，两个模板的异或比较时间是微秒级（实际速度取决于处理器性能）。海明距离适合以百万计的大型数据库中的模板比对。

近年来，随着深度学习技术的发展，深度神经网络在目标检测和语义分割方面已经有了成功的应用。在虹膜识别领域，很多研究人员也开始采用深度神经网络实现虹膜定位、特征提取和特征匹配。通过构造深度神经网络模型，基于虹膜样本图像自行学习深度特征，相比传统方法，它对于场景变化的适应能力更强，泛化性能更好。

下面基于 OpenCV 库与 Tengine-Lite 推理框架由简单到复杂依次介绍虹膜图像的预处理流程。

5.2 虹膜图像读写与变换

图像的读写与变换基于 OpenCV 库完成，在第 2 章中已介绍过 OpenCV。OpenCV 支持常见的图像格式，包括 bmp、jpg、png 等。下面从创建项目、编写代码、编写编译文件到编译运行的整个过程，逐一说明如何使用 OpenCV 读写和变换图像。

5.2.1 图像读写的 C++实现

（1）创建名为 cv_image_rw 的项目，在工作空间目录下创建

图像读写的 C++实现

cv_image_rw 目录。

（2）在 cv_image_rw 目录下编写程序 main.cpp，代码如下。

```cpp
1.  #include <opencv2/opencv.hpp>
2.  #include <iostream>
3.  using namespace std;
4.  using namespace cv;
5.  int main(int argc, char *argv[])
6.  {
7.      if(argc < 3){
8.          cout << "Usage:./xxx read_img_file write_img_file" << endl;
9.          return -1;
10.     }
11.     Mat in_image, out_image;
12.     //读取原始图像
13.     in_image = imread(argv[1], IMREAD_UNCHANGED);
14.     if (in_image.empty()) {
15.         //检查是否读取图像
16.         return -1;
17.     }
18.     //创建两个具有图像名称的窗口
19.     namedWindow(argv[1], WINDOW_AUTOSIZE);
20.     namedWindow(argv[2], WINDOW_AUTOSIZE);
21.     //写入图像
22.     imwrite(argv[2], in_image);
23.     out_image = imread(argv[2], IMREAD_UNCHANGED);
24.     //在之前创建的窗口中显示图片
25.     imshow(argv[1], in_image);
26.     imshow(argv[2], out_image);
27.     cout << "Press any key to exit...\n";
28.     waitKey();
29.     return 0;
30. }
```

（3）编写 CMakeLists.txt 文件，用于编译 C/C++程序，将其置于代码所在的同一目录下。

（4）编译、安装程序。

（5）运行程序，命令如下。

```
./cv_image_rw ../iris.bmp ../iris.jpg
```

本例中，读取和保存的文件名称以参数提供：
◆ 上述命令中，第 1 个参数是读取的输入图像文件名称 iris.bmp；
◆ 第 2 个参数是保存的图像文件名称 iris.jpg。

程序运行后会弹出两个图像显示框，显示输入图像和输出图像。

5.2.2 图像变换的 C++实现

图像变换主要有图像的颜色变换、几何变换（平移、镜像、旋转、仿射变换等）、缩放、裁剪及扩充边界、通道变换等操作。

（1）创建名为 cv_image_trans 的项目，在工作空间目录下创建 cv_image_trans 目录。

图像变换的 C++实现

（2）在 cv_image_trans 目录下编写程序 main.cpp，关键代码如下。

```cpp
1.   int main(int argc, char *argv[])
2.   {
3.       Mat in_image, out_image;
4.       //读取原始图像
5.       in_image = imread(argv[2], IMREAD_UNCHANGED);
6.       if (in_image.empty()) {
7.           return -1;
8.       }
9.       char command[2048];
10.      sprintf(command, "%s", argv[1]);
11.      if (0 == strncmp(command, "-c", 2)) {
12.          //颜色变换
13.          char text[256];
14.          if (in_image.channels() == 1) {
15.              cvtColor(in_image, out_image, CV_GRAY2BGR);
16.              sprintf(text, "%s", "GRAY2BGR");
17.              int baseLine = 0;
18.              cv::Size label_size = cv::getTextSize(text, cv::FONT_HERSHEY_
                     SIMPLEX, 0.5, 1, &baseLine);
19.              cv::putText(out_image, text, cv::Point(0, label_size.height),
20.                  cv::FONT_HERSHEY_SIMPLEX, 0.5, cv::Scalar(0, 255, 0));
21.          }
22.          else if (in_image.channels() == 3) {
23.              cvtColor(in_image, out_image, CV_BGR2GRAY);
24.              sprintf(text, "%s", "BGR2GRAY");
25.              int baseLine = 0;
26.              cv::Size label_size = cv::getTextSize(text, cv::FONT_HERSHEY_
                     SIMPLEX, 0.5, 1, &baseLine);
27.              cv::putText(out_image, text, cv::Point(0, label_size.height),
28.                  cv::FONT_HERSHEY_SIMPLEX, 0.5, cv::Scalar(255));
29.          }
30.      }
31.      else if (0 == strncmp(command, "-p", 2)) {
32.          //裁剪及扩充边界
33.          cv::Rect crop_rect(202, 130, 224, 224);
34.          cv::Mat crop_img = in_image(crop_rect).clone();
35.          int pad_width = 384, pad_height = 288;
36.          cv::copyMakeBorder(crop_img, out_image, (pad_height - crop_img.rows) /
                 2, (pad_height - crop_img.rows) / 2,
37.              (pad_width - crop_img.cols) / 2, (pad_width - crop_img.cols) / 2,
                 cv::BORDER_CONSTANT, cv::Scalar(128));
38.      }
39.      else if (0 == strncmp(command, "-g", 2)) {
40.          //几何变换
41.          //平移
42.          float m[][3]={1, 0, 100, 0, 1, 50};
43.          Mat affineMat(2,3,CV_32F, &m[0][0]);
44.          cv::warpAffine(in_image, out_image, affineMat, in_image.size());
45.          //镜像
46.          cv::flip(in_image, out_image, 0); //垂直翻转
47.          cv::flip(in_image, out_image, 1); //水平翻转
48.          cv::flip(in_image, out_image, -1); //水平、垂直同时翻转
49.          //旋转
```

```cpp
50.        cv::Point2f center(0, 0);              //旋转中心
51.        double ang = 10.0f;                    //旋转角度
52.        affineMat = cv::getRotationMatrix2D(center, ang, 1); //计算旋转矩阵
53.        cv::warpAffine(in_image, out_image, affineMat, in_image.size());
54.        //仿射
55.        //设置 in_image 和 out_image 上的计算仿射变换矩阵
56.        Point2f in_pt[3], out_pt[3];
57.        in_pt[0] = Point2f(0.0f, 0.0f);
58.        in_pt[1] = Point2f(in_image.cols - 1, 0.0);
59.        in_pt[2] = Point2f(0.0, in_image.rows - 1);
60.        out_pt[0] = Point2f(0.0, 0.0);
61.        out_pt[1] = Point2f(in_image.cols / 2.0, 0.0);
62.        out_pt[2] = Point2f(0.0, in_image.rows / 2.0);
63.        //计算仿射变换矩阵
64.        affineMat = cv::getAffineTransform(in_pt, out_pt);
65.        cv::warpAffine(in_image, out_image, affineMat, in_image.size());
66.    }
67.    else if (0 == strncmp(command, "-r", 2)) {
68.        //图像缩放
69.        int scale = 2;
70.        cv::resize(in_image, out_image, cv::Size(in_image.size().width / scale,in_image.size().height / scale));
71.    }
72.    else if (0 == strncmp(command, "-t", 2)) {
73.        //图像通道变换，从 hwc 格式(TensorFlow 数据输入格式)转换为 chw(Caffe 或 Tengine
           //数据输入格式)
74.        int scale_height = in_image.rows;
75.        int scale_width = in_image.cols;
76.        int in_mem = sizeof(float) * scale_height * scale_width * in_image.channels();
77.        float* input_data = (float*)malloc(in_mem);
78.        std::vector<cv::Mat> input_channels;
79.        float* data_src = input_data;
80.        for (int c = 0; c < in_image.channels(); ++c) {
81.            cv::Mat channel(scale_height, scale_width, CV_32FC1, data_src);
82.            input_channels.push_back(channel);
83.            data_src += scale_width * scale_height;
84.        }
85.        //通道分离后 input_data 指向的内存中就存放了 chw 格式的图像数据
86.        cv::split(in_image, input_channels);
87.        //执行推理代码
88.        //...
89.        //推理结束后释放数据内存
90.        free(input_data);
91.    }
92.    //创建两个具有图像名称的窗口
93.    namedWindow(argv[2], WINDOW_AUTOSIZE);
94.    namedWindow(argv[3], WINDOW_AUTOSIZE);
95.    imwrite(argv[3], out_image);
96.    //在之前创建的窗口中显示图片
97.    imshow(argv[2], in_image);
98.    imshow(argv[3], out_image);
```

```
99.        waitKey();
100.       return 0;
101.   }
```

（3）编写 CMakeLists.txt 文件，用于编译 C/C++程序。

（4）编译、安装程序。

（5）运行程序，分别执行下列命令。

```
./cv_image_trans -c ../iris.bmp ../iris.jpg
```

本例中，[-option]指定变换方式，如-c 代表图像颜色变换，原图像文件和变换后的图像文件名称作为参数提供。

- 第 1 个参数是读取的源图像文件名称 iris.bmp；
- 第 2 个参数是变换后的图像文件名称 iris.jpg。

程序运行后会弹出两个图像显示框，显示原图像和颜色变换后的图像，如图 5.7 所示。

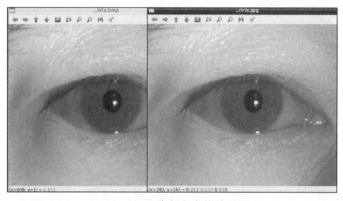

图 5.7　图像颜色变换效果

```
./cv_image_trans -p ../iris.bmp ../iris.jpg
```

- 本例中，-p 代表图像裁剪及扩充边界，原图像文件和变换后的图像文件名称作为参数提供。

程序运行后会弹出两个图像显示框，显示原图像和裁剪及扩充边界后的图像，如图 5.8 所示。

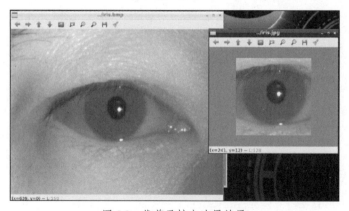

图 5.8　裁剪及扩充边界效果

```
./cv_image_trans -g ../iris.bmp ../iris.jpg
./cv_image_trans -r ../iris.bmp ../iris.jpg
./cv_image_trans -t ../iris.bmp ../iris.jpg
```

- -g 代表几何变换，包括平移、镜像、旋转、仿射变换等；
- -r 代表缩放；
- -t 代表通道变换，将 hwc 格式（TensorFlow 数据输入格式）转换为 chw 格式（Caffe 或 Tengine 数据输入格式），在之后的操作中将会用到，程序运行结果不再一一展示。

复习思考题

（1）虹膜识别过程主要分为哪几个步骤？
（2）图像变换主要有哪些操作？如何通过 OpenCV 实现？

5.3 虹膜图像检测与定位

虹膜图像预处理步骤中虹膜内外边缘定位和眼皮定位是一个重要的环节，特征提取和特征匹配两个步骤也都依赖准确定位的虹膜区域，如图 5.9 所示。若虹膜区域定位不准确，会造成干扰信息的引入，如瞳孔、巩膜、眼睑等，还会造成虹膜纹理信息的缺失。虹膜的精确定位对于后续虹膜图像处理算法的准确率有一定的影响。

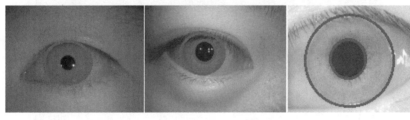

图 5.9 虹膜区域定位

5.3.1 虹膜图像检测与定位原理

Daugman 等学者将虹膜定位视为圆形的边缘检测，通过定义一个微积分算子确定圆的中心和半径参数，从而确定瞳孔和虹膜的外边缘。也有学者提出在矩形图像中检测点和线来替代传统的边缘圆检测方法，即通过 EMD 方法对图像纹理进行特征提取，然后基于马氏距离找到每个测试样本的 k 个最近邻域，最后对输出结果进行投票决策寻找虹膜边缘。还有学者提出一种关键点轮廓界定方法，即在二值化的虹膜图像上找到瞳孔边缘互相间隔 120° 的 3 个点来确定一个三角形，以便寻找虹膜的内边缘，接着以内边界圆的圆心和半径参数作为 Daugman 算法的起始点，以便寻找虹膜的外边缘。有学者用 HOG 构建正负样本的特征向量，通过 SVM 分类器训练样本对虹膜和非虹膜区域进行分类，然而 HOG 特征会丢弃掉大部分的判别信息。还有学者提出使用低通滤波器与图像做卷积运算来减少高频信号的干扰，接着使用 Canny 边缘算子检测眼睑的边缘。EP 数据集中有大量人工标记的图像可用于虹膜分割评估，在上眼睑和下眼睑区域，EP 数据集图像提供了至少 3 个关键点来基于最小二乘法拟合二次曲线，作为眼睑与虹膜的边界。还有学者提出使用 AIPF 方法检测瞳孔外边缘的关键点，AIPF方法可以沿角度方向执行积分投影运算来检测图像内所有方向的边缘关键点，接着用3次贝塞尔曲线拟合关键点。

随着卷积神经网络技术的成熟，很多研究人员开始采用该技术实现虹膜检测与定位。本书将重点介绍卷积神经网络在虹膜检测与定位中的应用，并在经典算法MTCNN的基础上进行优化，提出多任务级联虹膜定位神经网络（Cascade Iris Net，CINET）算法。该算法依赖大量虹膜标注样本进行训练，让卷积神经网络自行学习图像特征，训练得到的模型网络精简而高效，能在复杂的实际应用环境下精确定位虹膜区域和关键点，具有较高的鲁棒性和准确性，并同时兼顾速度和精度。

与大多数研究不同，本书通过定义边界框对虹膜区域进行定位，并对虹膜内外边缘进行关键点检测，包括上下眼睑边缘点（10个）、虹膜边缘点（6个）、瞳孔边缘点（6个）和瞳孔圆心（1个）共23个关键点。通过对包含大量样本的虹膜数据集的学习，CINET能做到对多尺度的虹膜图像快速、准确地完成虹膜定位和关键点检测，不仅解决了传统算法在不同数据集上表现不稳健的缺陷，而且大大节约了计算成本。虹膜区域边界框和关键点标注示意图如图5.10所示。

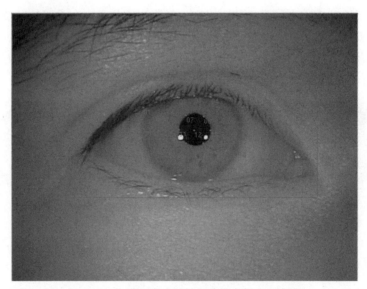

图5.10　虹膜区域边界框和关键点标注示意图

1. CINET网络模型

CINET网络模型受人脸检测模型MTCNN的启发，采用了级联的卷积神经网络结构，以完成目标分类定位和关键点检测的多任务。CINET网络模型示意图如图5.11所示，同样由三级网络组成。卷积层使用具有很小感受野的3×3卷积核，这是能够捕捉空间特征的最小卷积核尺寸。卷积步长固定为1个像素，这相当于卷积层与输入图像的每个像素进行卷积运算，该策略可避免卷积核和步长过大导致的准确率不高的问题。3×3卷积核的使用也大大减少了参数数量，加快了网络的计算速度。在一些卷积层后进行最大池化下采样，整个卷积核池化操作不使用Padding策略。

三级网络的第1级为浅层的全卷积网络，目的是输出检测目标的候选区域（框），命名为C1-Net。C1-Net的设计灵感源于ZFNET，ZFNET指出在较浅的网络层中目标特征能够在很短的训练时间内被激活,从而使网络达到收敛的状态。考虑到检测目标没有复杂和突变的特征,C1-Net 采用了浅层的全卷积网络设计,该层的标准输入图像尺寸为 12×12,但由于是全卷积网络,因此支持任意尺寸的图像输入,如图 5.11(a)所示。

三级网络的第 2 级由卷积层和全连接层构成,目的是进一步去除类别置信度低和重叠较多的目标候选框,命名为 C2-Net,如图 5.11(b)所示。

三级网络的第 3 级也由卷积层和全连接层构成,目的是完成对目标的精确定位和关键点的检测,命名为 C3-Net。最终输出大小为 51 的全连接层,包含 1 个类别置信度、4 个边界框回归值和 23 个关键点的坐标值,如图 5.11(c)所示。

图 5.11 中的 3 幅图片都是通过 Netron 软件读取转换后的 Tengine 模型(.tmfile 文件)进行可视化得到的。

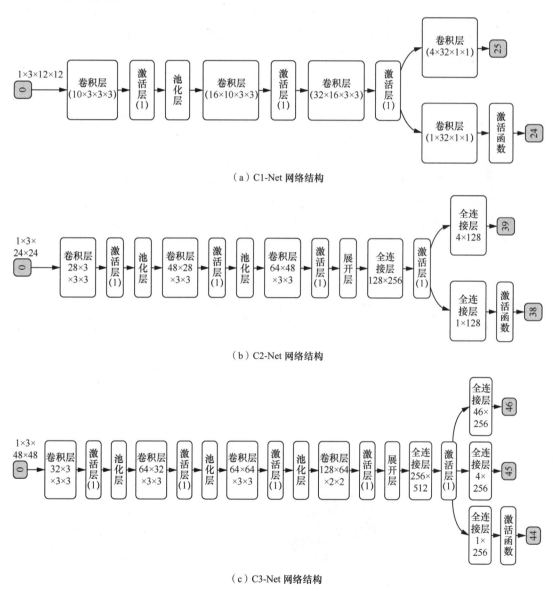

(a) C1-Net 网络结构

(b) C2-Net 网络结构

(c) C3-Net 网络结构

图 5.11 CINET 网络模型示意图

CINET 每一级网络的输入为不同尺寸的灰度图像,不同尺寸的图像是按金字塔策略对图像进行变换获得的。C1-Net 的输入为 $3×h×w$ 的图像(h 为高,w 为宽),由于输入采用的是 NCHW 格式,需将读取的 NHWC 格式图像变换为 HCHW 格式图像,经过卷积层的特征提取和池化层的抽样,最后通过两个大小不同的卷积运算,输出检测目标的置信度和位置回归信息,大小为 $1×1×1$ 的卷积运算输出检测目标的置信度值,大小为 $1×1×4$ 的卷积运算输出检测目标边界框的坐标回归值,对边界框采用非极大值抑制策略(NMS)进行处理,去除置信度较低和重叠较多的目标候选框,最终通过边界框回归校准得到检测目标的候选框的位置坐标,并将候选框修正为正方形;C2-Net 的输入为 $3×24×24$ 的图像,是按 C1-Net 得到的候选框截取后缩放为 $3×24×24$,再变换为 HCHW 格式得到的,经过卷积层和全连接层,输出检测目标的置信度和位置回归信息,通过边界框回归校准和非极大值抑制,进一步得到更为精确的目标候选框,该候选框仍需修正为正方形;C3-Net 与 C2-Net 的原理类似,其输入图像的大小为 $3×48×48$,最终除了输出检测目标的置信度和边界框的坐标回归值外,还将输出 23 个关键点的坐标值。

2．CINET 实现细节

在介绍实现细节之前,先介绍几个知识点。

(1)全卷积网络(fully convolutional network,FCN)。

全卷积网络就是去除了全连接层的卷积神经网络,它通过反卷积对最后一个卷积层(或者其他合适的卷积层)的 feature map 进行上采样,使其恢复到原有图像的尺寸(或者其他),并对反卷积图像的每个像素点都可以进行类别的预测,同时保留原有图像的空间信息。在反卷积对图像进行操作的过程中,也可以通过提取其他卷积层的反卷积结果对最终图像进行预测。

(2)面积交并比(intersection over union,IoU)。

IoU 是一种目标检测准确度的测量标准,只要是输出目标边界框的任务都可以用 IoU 来测量模型的性能。一般有两种计算方法:IoU-Union 方法和 IoU-Min 方法。IoU-Union 方法是计算两个目标框的相交面积与合并面积之比,IoU-Min 方法是计算两个目标框的相交面积与两个目标框的最小面积之比。比值越大,说明相关度越高,最理想情况是完全重叠,即比值为 1。图 5.12 说明了两种方法的应用场合,前者用于 A 和 B 面积差别不大的场合,后者用于 A 和 B 面积悬殊的场合,特别是 B 几乎内嵌于 A 中的情况。

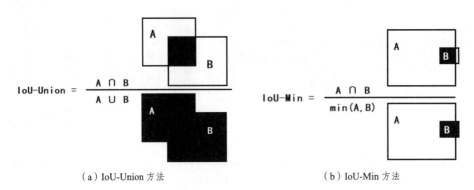

(a)IoU-Union 方法　　　　　　　(b)IoU-Min 方法

图 5.12　两种 IoU 方法示意图

（3）边界框或坐标回归。

在图像检测中，检测目标边界框一般使用向量(x_1, y_1, x_2, y_2)表示，分别代表边界框的左上角和右下角坐标，而网络的输出是边界框的坐标回归值，它与真实边界框存在偏差，经过某种回归变换，使预测边界框更接近真实边界框。

（4）非极大值抑制。

顾名思义，非极大值抑制就是抑制非极大值的元素。在目标检测中，可以使用该方法快速去掉重合度很高且位置相对不够准确的预测框，重合度计算一般需用 IoU-Union 方法，对于重合的目标检测则需用 IoU-Min 方法。

（5）目标检测准确度。

现在假设检测的目标只有两类：正例（positive）和负例（negtive），则检测结果有 4 种情况。

① True positives（TP）：被正确地划分为正例的个数，即实际为正例且被分类器划分为正例的实例数（样本数）；

② False positives（FP）：被错误地划分为正例的个数，即实际为负例但被分类器划分为正例的实例数；

③ False negatives（FN）：被错误地划分为负例的个数，即实际为正例但被分类器划分为负例的实例数；

④ True negatives（TN）：被正确地划分为负例的个数，即实际为负例且被分类器划分为负例的实例数。

定义 Precision 为精确率，表示被划分为正例的实例中实际为正例的比例，即 Precision = TP/(TP + FP)；Recall 为召回率，表示实际为正例的实例中被划分为正例的比例，即 Recall = TP / (TP + FN)。

一般来说，精确率和召回率是此消彼长的关系，召回率越高，精确率越低。P-R 曲线即以精确率和召回率作为纵轴、横轴坐标的二维曲线。通过选取不同阈值，绘制对应的精确率和召回率，P-R 曲线围起来的区域面积就是 AP 值。AP 值是用来评价目标检测准确度的经典指标，通常来说一个目标检测准确度越好的算法，AP 值越高。

（6）目标检测性能。

除了目标检测准确度，评价目标检测算法的另外一个重要指标是性能或检测速度。只有检测速度够快，才能实现实时检测，这对一些应用场景极其重要。评估检测速度的常用指标是在相同硬件平台上的每秒处理帧数（frame per second，FPS），即每秒处理的图片数量。另外，也可以使用处理一张图片所需时间来评估检测速度，通常以毫秒（ms）为单位，时间越短，速度越快。

3．网络推理及后处理技术细节

CINET 采用级联网络思想，实现从粗到精的虹膜区域检测和关键点定位。详细的虹膜图像的检测与粗定位流程如图 5.13 所示。

第 1 级网络 C1-Net 将输入图片按缩放系数 0.709 进行缩放，直到最小边长小于 12，构成含不同尺度图像的图像金字塔，每个尺度的图像都将输入 C1-Net 进行推理，输出的特征图中每个点对应一个 12×12 的预测边界框，其中包含 1 个类别置信度和 4 个边界框坐标回归值。首先根据置信度阈值筛选满足条件的特征点，并利用缩放系数计算该特征点所对应的原图中的目标边界框，这些边界框会相互重叠，通过非极大值抑制，滤除 IoU 值超过设定阈值的边界框，待金字塔中所有尺度的图像计算结束，得到所有的目标候选框，再进行一次非极大值抑制，并利用对应边界框的坐标回归值对过滤后的目标候选框进行修正，然后将候选框尺寸调整为正方形，修正计算方式详见代码，修正后的目标边界框保存到下一级网络。

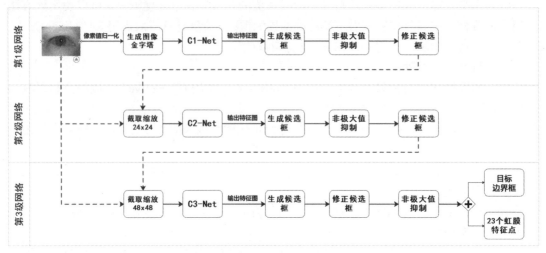

图 5.13　虹膜图像的检测与粗定位流程

第 2 级网络 C2-Net 将根据上一级网络得到的目标边界框截取出相应的图像，并缩放为 24×24 尺寸进行推理，每个 24×24 的输入图像都会得到 1 个类别置信度和 4 个边界框坐标回归值，根据该级网络的置信度阈值进行筛选，对大于阈值的目标边界框进行非极大值抑制操作，再对过滤后的边界框进行坐标回归修正，然后再调整为正方形。

第 3 级网络 C3-Net 与上一级网络的操作类似，所不同的是输出层多了 23 个关键点的坐标值，坐标修正的计算方式详见代码。还有一处不同是对输出的大于该级网络的置信度阈值的边框先进行坐标回归修正，最后再进行非极大值抑制，且采用 IoU-Min 方法，而非之前的 IoU-Union 方法，这主要是为了避免边框大小悬殊或大边框覆盖小边框的情况。

至此，经过 3 级网络的推理和后处理，最终可获得虹膜目标边界框的置信度、边界框坐标回归值和 23 个关键点坐标，包含上下眼睑、瞳孔和虹膜边缘及瞳孔中心点，为下一步虹膜的精确定位和归一化奠定了坚实基础。

5.3.2　虹膜图像检测与定位的 C++实现

由于 Tengine 中创建的一个 graph 只能在一个单线程任务中用于推理，对于并行检测任务，如同时有两个以上的摄像头拍摄到的图像需要并行检测，一个 graph 就不能满足实际的业务需求了。

为了面向实际需求开发更实用的应用，本例提供多任务并行检测方案，即预先创建多个 session，每个 session 创建一个对应的 graph，每个检测任务绑定一个 session，这样即可实现多任务并行检测。具体实现如下。

（1）创建名称为 cinet 的项目，在工作空间目录下创建 cinet 目录。

（2）假设 Tengine-Lite 已下载并编译成功，已生成 libtengine-lite.so 库，复制或上传

CINET 的 3 级网络模型文件 c1-net.tmfile、c2-net.tmfile 和 c3-net.tmfile，以及待检测图像文件 iris.bmp 到 cinet 目录下。

（3）在 cinet 目录下新建 cinet_tengine.h、cinet_tengine.cpp 和 main.cpp 文件，关键代码如下。

1. cinet_tengine.h 文件

该文件包含了边界框的结构体定义和 cinet 类接口定义。

```
1.   #define CINET_KEY_POINT     23
2.   struct CIBox
3.   {
4.       float score;                                //边界框类别置信度
5.       int x1;                                     //边界框左上角横坐标
6.       int y1;                                     //边界框左上角纵坐标
7.       int x2;                                     //边界框右下角横坐标
8.       int y2;                                     //边界框右下角纵坐标
9.       float area;                                 //边界框面积
10.      float key_point[CINET_KEY_POINT * 2];       //关键点
11.      float reg[4];                               //位置坐标回归值
12.  };
13.  class cinet {
14.  public:
15.      int init(const char* model_path);           //模型初始化
16.      int create_session();                       //生成检测器session,可支持多线程多图像并行检测
17.      int release_session(int session);           //释放检测器 session
18.      //检测与定位
19.      int detect(int session, cv::Mat& img, std::vector<CIBox>& eyes, int min_
         size = 80, float c1_score = 0.6f, float c2_score = 0.7f, float c3_score = 0.7f,
         float c1_nms = 0.5f, float c2_nms = 0.5f, float c3_nms = 0.7f);
20.      int release();                              //释放检测器模型
21.      int get_version(char* version);             //获取算法版本
22.  };
```

2. cinet_tengine.cpp 文件

（1）模型初始化。

```
1.   int cinet::Impl::init(const char* model_path) {
2.       //tengine 初始化
3.       init_tengine();
4.       //cinet 级联网络模型
5.       model_files = {
6.           string(model_path) + string("/c1-net.tmfile"),
7.           string(model_path) + string("/c2-net.tmfile"),
8.           string(model_path) + string("/c3-net.tmfile")
9.       };
10.      binited = true;
11.      return binited;
12.  }
```

（2）加载模型，生成 session。

```cpp
1.   int cinet::Impl::create_session()
2.   {
3.       std::lock_guard<std::mutex> guard(m);
4.       session_ctx ctx;
5.       if (sessions_.size() > 0)
6.           ctx.id = sessions_.back().id + 1;
7.       else
8.           ctx.id = 0;
9.       //设置 tengine runtime 参数
10.      struct options opt;
11.      opt.num_thread = 1;
12.      opt.cluster = TENGINE_CLUSTER_ALL;
13.      opt.precision = TENGINE_MODE_FP32;
14.      opt.affinity = DEFAULT_CPU_AFFINITY;
15.      //创建级联 graph
16.      ctx.c1_net = create_graph(nullptr, "tengine", model_files[0].c_str());
17.      ctx.c2_net = create_graph(nullptr, "tengine", model_files[1].c_str());
18.      ctx.c3_net = create_graph(nullptr, "tengine", model_files[2].c_str());
19.      int dims[] = { 1, 3, 480, 640 };
20.      //获取 c1_net 输入张量
21.      ctx.c1_net_input_tensor = get_graph_tensor(ctx.c1_net, "0");
22.      if (0 != set_tensor_shape(ctx.c1_net_input_tensor, dims, 4)){
23.      }
24.      //graph 预运行
25.      if (prerun_graph_multithread(ctx.c1_net, opt) < 0){
26.          return -1;
27.      }
28.      dims[2] = dims[3] = 24;
29.      //获取 c2_net 输入张量
30.      ctx.c2_net_input_tensor = get_graph_tensor(ctx.c2_net, "0");
31.      //设置输入张量尺寸
32.      if (0 != set_tensor_shape(ctx.c2_net_input_tensor, dims, 4)) {
33.      }
34.      //graph 预运行
35.      if (prerun_graph_multithread(ctx.c2_net, opt) < 0) {
36.          return -1;
37.      }
38.      dims[2] = dims[3] = 48;
39.      //获取 c3_net 输入张量
40.      ctx.c3_net_input_tensor = get_graph_tensor(ctx.c3_net, "0");
41.      //设置输入张量尺寸
42.      if (0 != set_tensor_shape(ctx.c3_net_input_tensor, dims, 4)) {
43.      }
44.      //graph 预运行
45.      if (prerun_graph_multithread(ctx.c3_net, opt) < 0) {
46.          return -1;
47.      }
48.      //保存创建的 session
49.      sessions_.push_back(ctx);
50.      return ctx.id;
51.  }
```

（3）通过 session 中的 graph 进行虹膜检测与定位。

以下关键代码完成了图 5.13 所示的 3 级推理及后处理流程。

```cpp
1.   int cinet::Impl::detect(int session, cv::Mat& img, std::vector<CIBox>& eyes,
     int min_size, float c1_score,
2.       float c2_score, float c3_score, float c1_nms, float c2_nms, float c3_nms) {
3.       eyes.clear();
4.       //此处省略代码:通过 session 从 sessions_容器中获取 c1_net、c2_net、c3_net、c1_net_
         //input_tensor、c2_net_input_tensor、c3_net_input_tensor 指针
5.       //预处理
6.       int row = img.rows;
7.       int col = img.cols;
8.       int min_dim = std::min(row, col);
9.       cv::Mat input_img;
10.      //输入图像需为 3 通道
11.      if (img.channels() == 1) {
12.          cv::cvtColor(img, input_img, CV_GRAY2BGR);
13.      }
14.      else {
15.          input_img = img;
16.      }
17.      //图像预处理像素值归一化
18.      input_img.convertTo(input_img, CV_32FC3);
19.      input_img = input_img * 0.0039216f;
20.      int scale_height, scale_width;
21.      int num_scales = floor(log((double)min_size / (double)min_dim) / log(pre_factor)) + 1;
22.      //c1-net 推理
23.      vector<CIBox> proposal_boxes_all;
24.      vector<vector<CIBox> > proposal_boxes_cross_scale(num_scales);
25.      //金字塔检测
26.      for (int i = 0; i < num_scales; i++) {
27.          float scale = ((float)MIN_DET_SIZE / (float)min_size)*cv::pow(pre_factor, i);
28.          scale_height = (int)ceil(row * scale);
29.          scale_width = (int)ceil(col * scale);
30.          cv::Mat normalised_img;
31.          cv::resize(input_img, normalised_img, cv::Size(scale_width, scale_height));
32.          //根据金字塔图像尺寸设置输入张量大小
33.          int dims[] = { 1,3,scale_height,scale_width };
34.          set_tensor_shape(c1_net_input_tensor, dims, 4);
35.          int in_mem = sizeof(float) * scale_height * scale_width * 3;
36.          float* input_data = (float*)malloc(in_mem);
37.          //3 通道分离, NHWC 格式变换为 NCHW 格式
38.          std::vector<cv::Mat> input_channels;
39.          float* data_src = input_data;
40.          for (int c = 0; c < normalised_img.channels(); ++c) {
41.              cv::Mat channel(scale_height, scale_width, CV_32FC1, data_src);
42.              input_channels.push_back(channel);
43.              data_src += scale_width * scale_height;
44.          }
45.          cv::split(normalised_img, input_channels);
46.          set_tensor_buffer(c1_net_input_tensor, input_data, in_mem);
47.          //执行 c1_net
```

```
48.        run_graph(c1_net, 1);
49.        free(input_data);
50.        //位置回归信息张量
51.        tensor_t reg_tensor = get_graph_tensor(c1_net, "25");
52.        get_tensor_shape(reg_tensor, dims, 4);
53.        float *  reg_data = (float *)get_tensor_buffer(reg_tensor);
54.        int feature_h = std::max(dims[2], 1);
55.        int feature_w = std::max(dims[3], 1);
56.        //类别置信度张量
57.        tensor_t prob_tensor = get_graph_tensor(c1_net, "24");
58.        float *  prob_data = (float *)get_tensor_buffer(prob_tensor);
59.        //生成候选框
60.        generate_cibox(prob_data, reg_data, feature_h, feature_w, scale, c1_
           score, proposal_boxes_cross_scale[i]);
61.        release_graph_tensor(reg_tensor);
62.        release_graph_tensor(prob_tensor);
63.        //非极大值抑制
64.        nms(proposal_boxes_cross_scale[i], c1_nms);
65.        proposal_boxes_all.insert(proposal_boxes_all.end(), proposal_boxes_
           cross_scale[i].begin(), proposal_boxes_cross_scale[i].end());
66.        proposal_boxes_cross_scale[i].clear();
67.    }
68.    if (proposal_boxes_all.size() < 1) return -3;
69.    //非极大值抑制且修正为正方形候选框
70.    nms(proposal_boxes_all, c1_nms);
71.    refine(proposal_boxes_all, row, col, true);
72.    //c2-net 推理
73. scale_height = scale_width = 24;
74. vector<CIBox> proposal_boxes_all_c2_net;
75. for (vector<structCIBox>::iterator it = proposal_boxes_all.begin(); it != proposal_boxes_all.end(); it++) {
76.        (*it).x1 = std::max((int)((*it).x1), 0);
77.        (*it).y1 = std::max((int)((*it).y1), 0);
78.        (*it).x2 = std::min((int)((*it).x2), (col - 1));
79.        (*it).y2 = std::min((int)((*it).y2), (row - 1));
80.    if ((*it).x2 < ((*it).x1 + 1) || (*it).y2 < ((*it).y1 + 1)) {
81.        continue;
82.    }
83.        //根据候选框截取图像并归一化为 24×24×3 的图像
84.    cv::Rect temp((*it).x1, (*it).y1, (*it).x2 - (*it).x1, (*it).y2 - (*it).y1);
85.    cv::Mat roi;
86.    input_img(temp).copyTo(roi);
87.    cv::Mat  normalised_img;
88.    resize(roi,normalised_img, cv::Size(scale_width, scale_height), 0, 0,
       cv::INTER_LINEAR);
89.    int in_mem = sizeof(float) * scale_width * scale_height * 3;
90.    float* input_data = (float*)malloc(in_mem);
91.    //3 通道分离-NHWC 格式变换为 NCHW 格式
92.    std::vector<cv::Mat> input_channels;
93.    float* data_src = input_data;
94.    for (int c = 0; c < normalised_img.channels(); ++c) {
95.        cv::Mat channel(scale_height, scale_width, CV_32FC1, data_src);
96.        input_channels.push_back(channel);
97.        data_src += scale_width * scale_height;
```

```cpp
98.        }
99.        cv::split(normalised_img, input_channels);
100.       set_tensor_buffer(c2_net_input_tensor, input_data, in_mem);
101.       //执行c2_net
102.       run_graph(c2_net, 1);
103.       free(input_data);
104.       //位置回归信息张量
105.       tensor_t reg_tensor = get_graph_tensor(c2_net, "39");
106.       float * reg_data = (float *)get_tensor_buffer(reg_tensor);
107.       //类别置信度张量
108.       tensor_t prob_tensor = get_graph_tensor(c2_net, "38");
109.       float * prob_data = (float *)get_tensor_buffer(prob_tensor);
110.       if (*prob_data > c2_score) {
111.           for (int channel = 0; channel<4; channel++) {
112.               it->reg[channel] = reg_data[channel];
113.           }
114.           it->area = (it->x2 - it->x1 + 1)*(it->y2 - it->y1 + 1);
115.           it->score = *prob_data;
116.           proposal_boxes_all_c2_net.push_back(*it);
117.       }
118.       release_graph_tensor(reg_tensor);
119.       release_graph_tensor(prob_tensor);
120.   }
121.   if (proposal_boxes_all_c2_net.size() < 1)return -4;
122.   //非极大值抑制且修正为正方形候选框
123.   nms(proposal_boxes_all_c2_net, c2_nms);
124.   refine(proposal_boxes_all_c2_net, row, col, true);
125.   //c3-net 推理
126.   scale_height = scale_width = 48;
127.   vector<CIBox> proposal_boxes_all_c3_net;
128.   for (vector<CIBox>::iterator it = proposal_boxes_all_c2_net.begin(); it != proposal_boxes_all_c2_net.end(); it++) {
129.       (*it).x1 = std::max((int)((*it).x1), 0);
130.       (*it).y1 = std::max((int)((*it).y1), 0);
131.       (*it).x2 = std::min((int)((*it).x2), (col - 1));
132.       (*it).y2 = std::min((int)((*it).y2), (row - 1));
133.       if ((*it).x2 < ((*it).x1 + 1) || (*it).y2 < ((*it).y1 + 1)) {
134.           continue;
135.       }
136.       //根据候选框截取图像并归一化为48×48×3的图像
137.       cv::Rect temp((*it).x1, (*it).y1, (*it).x2 - (*it).x1, (*it).y2 - (*it).y1);
138.       cv::Mat roi;
139.       input_img(temp).copyTo(roi);
140.       cv::Mat normalised_img;
141.       resize(roi,normalised_img, cv::Size(scale_width, scale_height), 0, 0, cv::INTER_LINEAR);
142.       int in_mem = sizeof(float) * scale_width * scale_height * 3;
143.       float* input_data = (float*)malloc(in_mem);
144.       //3通道分离-NHWC 格式变换为 NCHW 格式
145.       std::vector<cv::Mat> input_channels;
146.       float* data_src = input_data;
147.       for (int c = 0; c < normalised_img.channels(); ++c) {
148.           cv::Mat channel(scale_height, scale_width, CV_32FC1, data_src);
149.           input_channels.push_back(channel);
```

```
150.            data_src += scale_width * scale_height;
151.        }
152.        cv::split(normalised_img, input_channels);
153.        set_tensor_buffer(c3_net_input_tensor, input_data, in_mem);
154.        //执行 c3_net
155.        run_graph(c3_net, 1);
156.        free(input_data);
157.        //位置回归信息张量
158.        tensor_t reg_tensor = get_graph_tensor(c3_net, "45");
159.        float * reg_data = (float *)get_tensor_buffer(reg_tensor);
160.        //类别置信度张量
161.        tensor_t prob_tensor = get_graph_tensor(c3_net, "44");
162.        float * prob_data = (float *)get_tensor_buffer(prob_tensor);
163.        //关键点回归信息张量
164.        tensor_t key_tensor = get_graph_tensor(c3_net, "46");
165.        float * key_data = (float *)get_tensor_buffer(key_tensor);
166.        if (*prob_data > c3_score) {
167.            for (int channel = 0; channel < 4; channel++) {
168.                it->reg[channel] = reg_data[channel];
169.            }
170.            it->area = (it->x2 - it->x1 + 1) * (it->y2 - it->y1 + 1);
171.            it->score = *prob_data;
172.            for (int num = 0; num < CINET_KEY_POINT; num++) {
173.                (it->key_point)[num] = it->x1 + (it->x2 - it->x1) * key_data[num * 2];
174.                (it->key_point)[num + CINET_KEY_POINT] = it->y1 + (it->y2 - it->y1) * key_data[num * 2 + 1];
175.            }
176.            proposal_boxes_all_c3_net.push_back(*it);
177.        }
178.        release_graph_tensor(reg_tensor);
179.        release_graph_tensor(prob_tensor);
180.        release_graph_tensor(key_tensor);
181.    }
182.    if (proposal_boxes_all_c3_net.size() < 1)return -5;
183.    //修正为正方形候选框且非极大值抑制（Min 方式）
184.    refine(proposal_boxes_all_c3_net, row, col, true);
185.    nms(proposal_boxes_all_c3_net, c3_nms, "Min");
186.    //检测结果输出
187.    eyes = proposal_boxes_all_c3_net;
188.    proposal_boxes_all.clear();
189.    proposal_boxes_all_c2_net.clear();
190.    proposal_boxes_all_c3_net.clear();
191.    return 0;
192. }
```

（4）detect 中 generate_cibox()、nms()和 refine()函数的关键代码。

generate_cibox()为 c1_net 推理生成候选框函数，nms()为非极大值抑制函数，refine()为边界框回归修正函数。

```
1. void cinet::Impl::generate_cibox(const float * score, const float * location,
      int feature_h, int feature_w, float scale, float c1_socre, std::vector
      <CIBox>&boundingBox_) {
2.      const int stride = 2;
3.      const int cellsize = 12;
```

```
4.         int channel_size = feature_h * feature_w;
5.         float *p = (float*)score;
6.         CIBox bbox;
7.         float inv_scale = 1.0f / scale;
8.         for (int row = 0; row < feature_h; row++) {
9.             for (int col = 0; col < feature_w; col++) {
10.                if (*p > cl_socre) {
11.                    bbox.score = *p;
12.                    bbox.x1 = round((stride*col)*inv_scale);
13.                    bbox.y1 = round((stride*row)*inv_scale);
14.                    bbox.x2 = round((stride*col + cellsize)*inv_scale);
15.                    bbox.y2 = round((stride*row + cellsize)*inv_scale);
16.                    const int index = row * feature_w + col;
17.                    for (int channel = 0; channel < 4; channel++) {
18.                        bbox.reg[channel] = location[index + channel * channel_size];
19.                    }
20.                    boundingBox_.push_back(bbox);
21.                }
22.                p++;
23.            }
24.        }
25.    }
26.    void cinet::Impl::nms(std::vector<CIBox> &boundingBox_, const float overlap_threshold, string modelname) {
27.        sort(boundingBox_.begin(), boundingBox_.end(), tengine_cmpScore);
28.        std::vector<int> vPick;
29.        int nPick = 0;
30.        std::multimap<float, int> vScores;
31.        const int num_boxes = boundingBox_.size();
32.        vPick.resize(num_boxes);
33.        for (int i = 0; i < num_boxes; ++i) {
34.            vScores.insert(std::pair<float, int>(boundingBox_[i].score, i));
35.        }
36.        while (vScores.size() > 0) {
37.            int last = vScores.rbegin()->second;
38.            vPick[nPick] = last;
39.            nPick += 1;
40.            for (std::multimap<float, int>::iterator it = vScores.begin(); it != vScores.end();) {
41.                int it_idx = it->second;
42.                maxX = max(boundingBox_.at(it_idx).x1, boundingBox_.at(last).x1);
43.                maxY = max(boundingBox_.at(it_idx).y1, boundingBox_.at(last).y1);
44.                minX = min(boundingBox_.at(it_idx).x2, boundingBox_.at(last).x2);
45.                minY = min(boundingBox_.at(it_idx).y2, boundingBox_.at(last).y2);
46.                maxX = ((minX - maxX + 1)>0) ? (minX - maxX + 1) : 0;
47.                maxY = ((minY - maxY + 1)>0) ? (minY - maxY + 1) : 0;
48.                IOU = maxX * maxY;
49.                if (!modelname.compare("Union"))
50.                    IOU = IOU / (boundingBox_.at(it_idx).area + boundingBox_.at(last).area - IOU);
51.                else if (!modelname.compare("Min")) {
52.                    IOU = IOU / ((boundingBox_.at(it_idx).area < boundingBox_.at(last).area) ? boundingBox_.at(it_idx).area : boundingBox_.at(last).area);
53.                }
54.                if (IOU > overlap_threshold) {
55.                    it = vScores.erase(it);
```

```cpp
56.            }
57.            else {
58.                it++;
59.            }
60.        }
61.    }
62.    vPick.resize(nPick);
63.    std::vector<CIBox> tmp_;
64.    tmp_.resize(nPick);
65.    for (int i = 0; i < nPick; i++) {
66.        tmp_[i] = boundingBox_[vPick[i]];
67.    }
68.    boundingBox_ = tmp_;
69. }
70. void cinet::Impl::refine(vector<CIBox> &vecBbox, const int &height, const int &width, bool square) {
71.    float bbw = 0, bbh = 0;
72.    float x1 = 0, y1 = 0, x2 = 0, y2 = 0;
73.    for (vector<CIBox>::iterator it = vecBbox.begin(); it != vecBbox.end(); it++) {
74.        bbw = (*it).x2 - (*it).x1 + 1;
75.        bbh = (*it).y2 - (*it).y1 + 1;
76.        x1 = (*it).x1 + (*it).reg[0] * bbw;
77.        y1 = (*it).y1 + (*it).reg[1] * bbh;
78.        x2 = (*it).x2 + (*it).reg[2] * bbw;
79.        y2 = (*it).y2 + (*it).reg[3] * bbh;
80.        (*it).x2 = round(x2);
81.        (*it).y2 = round(y2);
82.        (*it).x1 = round(x1);
83.        (*it).y1 = round(y1);
84.    }
85. }
```

3. main.cpp 文件

以下关键代码实现了读取一幅虹膜图像并进行检测、定位和显示定位信息（绘制边界框和关键点）的功能，定位信息显示由 draw_cinet_detection() 函数完成。

```cpp
1. cv::Mat draw_cinet_detection(const cv::Mat &img, std::vector<CIBox> &box)
2. {
3.     cv::Mat show = img.clone();
4.     const int num_box = box.size();
5.     std::vector<cv::Rect> bbox;
6.     bbox.resize(num_box);
7.     for (int i = 0; i < num_box; i++) {
8.         bbox[i] = cv::Rect(box[i].x1, box[i].y1, box[i].x2 - box[i].x1 + 1, box[i].y2 - box[i].y1 + 1);
9.         for (int j = 0; j < CINET_KEY_POINT; j = j + 1){
10.            cv::circle(show, cvPoint(box[i].key_point[j], box[i].key_point[j + CINET_KEY_POINT]), 2, CV_RGB(0, 255, 0), CV_FILLED);
11.        }
12.    }
13.    for (vector<cv::Rect>::iterator it = bbox.begin(); it != bbox.end(); it++) {
14.        rectangle(show, (*it), cv::Scalar(0, 0, 255), 2, 8, 0);
15.    }
16.    return show;
17. }
```

```cpp
18.    //主函数
19.    int main(int argc, char* argv[])
20.    {
21.        const std::string root_path = "../";
22.        int scale = DEFAULT_SCALE;
23.        int display = 0;    //图像是否显示开关
24.        std::string image_file;    //输入的虹膜图像路径
25.        //CINET 检测器实例
26.        cinet detector;
27.        //检测器初始化
28.        detector.init(root_path.c_str());
29.        //生成检测器 session，可生成多个，支持多线程多幅图像并行检测
30.        int session = detector.create_session();
31.        //以彩色模式打开图像
32.        cv::Mat original_img = cv::imread(image_file, cv::IMREAD_COLOR);
33.        cv::Mat small_img;
34.        cv::resize(original_img, small_img, cv::Size(original_img.cols / scale,
           original_img.rows / scale), 0, 0, CV_INTER_LINEAR);
35.        std::vector<CIBox> box;
36.        //执行检测程序
37.        detector.detect(session, small_img, box);
38.        //将检测结果绘制至图像进行显示
39.        if (display) {
40.            cv::Mat show = draw_cinet_detection(small_img, box);
41.            cv::imshow("img", show);
42.        }
43.        cv::waitKey(0);
44.        //释放检测器 session
45.        detector.release_session(session);
46.        //释放检测器实例
47.        detector.release();
48.        return 0;
49.    }
```

4．编译、安装及运行

（1）编写 CMakeLists.txt 文件，用于编译 C/C++程序，将其置于代码所在的同一目录下。CMakeLists.txt 主要代码如下。

```
1.  # 定义项目名称
2.  project(cinet)
3.  # 指定 Tengine 库路径，可根据设备具体配置修改
4.  set( TENGINE_DIR ${CMAKE_CURRENT_SOURCE_DIR}/../3rdparty/Tengine-Lite/build/install/)
5.  set( TENGINE_LIBS tengine-lite )
6.  link_directories(${TENGINE_DIR}/lib)
7.  set( SRCS ${CMAKE_CURRENT_SOURCE_DIR}/cinet_tengine.cpp ${CMAKE_CURRENT_SOURCE_DIR}/main.cpp)
8.  # 搜索 OpenCV 库
9.  find_package(OpenCV REQUIRED)
10. if(OpenCV_FOUND)
11.     # 包含 OpenCV 头文件
```

```
12.     include_directories(${OpenCV_INCLUDE_DIRS} ${TENGINE_DIR}/include)
13.     # 添加编译源码，编译 cinet
14.     add_executable(${CMAKE_PROJECT_NAME} ${SRCS})
15.     # 链接 OpenCV 和 Tengine 库
16.     target_link_libraries(${CMAKE_PROJECT_NAME} ${TENGINE_LIBS} ${OpenCV_LIBS})
17. endif()
```

（2）代码编写完毕后，相关的目录及文件结构如图 5.14 所示。

图 5.14　相关的目录及文件结构

（3）在 cinet 目录下新建 build 目录，进入 build 目录，编译、安装程序。
（4）运行程序，命令如下。

```
./cinet -i ../iris.bmp -s 2 -d 1
```

◆ -i 代表检测的图像文件，-s 代表检测时图像的缩放比例，-d 代表是否显示检测结果图，-r 代表检测的重复次数。

执行命令后会弹出检测图像显示框，显示虹膜定位结果，如图 5.15 所示。

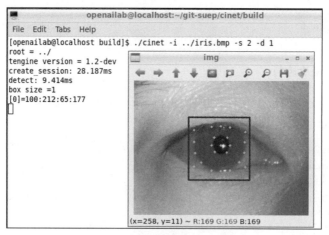

图 5.15　虹膜图像检测与定位结果

从 main.cpp 文件的 draw_cinet_detection() 函数中可看出：
◆ cinet 检测出了虹膜区域和关键点，并将其绘制在检测图像上；
◆ 这为后续的虹膜精确定位和图像归一化奠定了基础，将提升精确定位的速度。

(1)简述虹膜图像检测与定位的基本原理。

(2)如何通过 C++编程实现虹膜图像检测与定位?

5.3.3 C++代码封装为 Python 接口

使用 Python 语言编写代码开发应用,可以快速测试及调试算法,若能在 Python 中调用上述虹膜图像预处理的 C++代码,调用 cinet 类的 detect()等函数,就能有效利用 C++和 Tengine 的性能优势。此时需要一种方便易用的,能将 C++类和函数转换为 Python 接口的方法,接下来将主要介绍这种方法。

1. Python 封装库 pybind11 简介

要使用 C++编写 Python 扩展程序,目前比较主流的方法是使用 pybind11 库。pybind11 的特点是只有轻量级头文件的库,安装方式简单,使用非常方便。通过 pybind11 将 C++代码封装到一个 Python 模块中,编写 Python 程序时只要导入该模块便能使用 C++的类和函数等。下面重点介绍 pybind11 库的编译部署和使用方法。

2. Python 封装库 pybind11 的编译部署

(1)安装开发版 pytest 和 Python 开发包,即 python3-devel 包(需用 sudo 最高权限安装),命令如下。

```
sudo python3-m pip install pytest
sudo dnf install python3-devel
```

(2)下载 pybind11 至 3rdparty 目录,进入 3rdparty 目录,命令如下。

```
git clone https://      .com/pybind/pybind11.git
cd pybind11
```

(3)修改 pybind11 目录下 CMakeLists.txt 文件。

```
option(PYBIND11_TEST "Build pybind11 test suite?" ${PYBIND11_MASTER_PROJECT})
```

将上行代码修改为如下代码。

```
option(PYBIND11_TEST "Build pybind11 test suite?" OFF)
```

(4)编译。

(5)部署,命令如下。

```
sudo make install
```

执行上述命令后应没有错误提示,即表示编译部署成功。

3. Python 封装库 pybind11 的使用示例

用 pybind11 封装 C++代码相当简单。所有要封装的代码都需要写到 PYBIND11_MODULE() 函数中,在 Python 发起 import 语句时该函数将会被调用。pybind11 的模块实例对象提供了 def()函数来封装普通的函数,具体定义如下。

```
1.   PYBIND11_MODULE( 模块名, 模块实例对象 ){
2.       m.doc() = "pybind11 example"; //可选, 模块说明
3.       m.def("python调用方法名", &c或c++函数, "函数功能说明" ); //其中函数功能说明为可选
4.   }
```

（1）在 Python 端调用简单的 add()函数。

下面以 add()函数为例，介绍 pybind11 封装代码的一个示例。创建名称为 pyeaidk 的项目，在工作空间目录下创建 pyeaidk 目录，在该目录下新建 example.cpp（需包含 pybind11 相关头文件）。

```
1.   #include <pybind11/pybind11.h>
2.   namespace py = pybind11;
3.   int add(int i, int j)
4.   {
5.       return (i + j);
6.   }
7.   PYBIND11_MODULE(example, m)
8.   {
9.       m.doc() = "pybind11 example plugin";
10.      //add()函数调用, 可指定参数
11.      m.def("add", &add, "A function which adds two numbers", py::arg("i")=1, py::arg("j")=2);
12.  }
```

- py::arg 是可用于将元数据传递到 module::def()的几个特殊标记类之一；
- 使用上述绑定代码，可以使用关键字参数来调用函数，这更具可读性；
- 特别是对带有许多参数的函数，上述示例中使用了默认参数，可避免调用函数时输入过多参数。

（2）编写 CMakeLists.txt 编译脚本文件。

```
1.   project(example)
2.   set( CMAKE_CXX_STANDARD 11 )
3.   set( CMAKE_CXX_STANDARD_REQUIRED ON )
4.   find_package(pybind11 REQUIRED)
5.   pybind11_add_module(example example.cpp)
```

（3）进入 example.cpp 和 CMakeLists.txt 所在目录进行编译。

编译成功后可看到在该目录下生成 example.cpython-36m-aarch64-linux-gnu.so 文件，此时即可进入 Python 环境测试函数调用功能。

```
[openailab@localhost python]$ python3
Python 3.6.5 (default, Mar 29 2018, 17:45:40)
[GCC 8.0.1 20180317 (Red Hat 8.0.1-0.19)] on linux
Type "help", "copyright", "credits" or "license" for more information.
>>> import example as ex
>>> ex.add(8,8)
16
>>> ex.add(i=2,j=8)
10
>>>
```

在 Python 环境中 add()函数能正常调用，说明代码成功编译且运行正常。

（4）在 Python 端使用自定义结构体。

如果使用上节 cinet_tengine.h 文件中的 CIBox 结构体，pybind11 提供了 def_readwrite()、def_property()和 def_readonly()方法来支持成员变量的访问，前两种方法支持可读写变量，最后一种方法支持只读变量。def_readwrite_static()、def_readonly_static()、def_property_static()及 def_property_readonly_static()方法用于绑定静态变量。具体定义格式如下。

```
def_readwrite("在python中访问时使用的变量名", &要访问的变量);
```

在 example.cpp 中添加部分代码，示例如下。

```
1.   #include <pybind11/pybind11.h>
2.   #include "../cinet/cinet_tengine.h"
3.   namespace py = pybind11;
4.   PYBIND11_MODULE(example, m)
5.   {
6.       //CIBox结构体定义
7.       py::class_<CIBox>(m, "CIBox", py::buffer_protocol())
8.           .def(py::init<>())
9.           .def_readonly("score", &CIBox::score)
10.          .def_readwrite("x1", &CIBox::x1)
11.          .def_readwrite("y1", &CIBox::y1)
12.          .def_readwrite("x2", &CIBox::x2)
13.          .def_readwrite("y2", &CIBox::y2)
14.          .def_property("key_point", [](CIBox &m) {
15.               return py::array_t<float>(CINET_KEY_POINT * 2, m.key_point); },
16.          [](CIBox &m, py::array_t<float> key_point) {
17.               py::buffer_info buf = key_point.request();
18.               if (buf.ndim != 1)
19.                   throw std::runtime_error("number of dimensions must be 1");
20.               if (buf.size != CINET_KEY_POINT * 2)
21.                   throw std::runtime_error("input shapes must match 58");
22.               float *ptr = static_cast<float *>(buf.ptr);
23.               memcpy(m.key_point, ptr, buf.size * sizeof(float));
24.          })
25.      ;
26.  }
```

- 上述代码中 py::class_<T>是模板类，py::init 是注册构造函数；
- 由于 key_point 成员变量为数组，因此使用 def_property()定义了 Python 中利用 py::array_t<float>的返回值的读取方法和写入方法；
- 使用 def_readwrite()、def_readonly()完成结构中成员变量的定义；
- 该类和相关常量在 cinet_tengine.h 头文件中定义，至此完成了创建 Python 中可以访问的 CIBox 结构体。

（5）在 Python 端使用自定义类和成员函数。

pybind11 提供了访问成员函数的功能，与访问普通函数不同，访问成员函数之前需先定义 py::class 类。例如，要使用上节 cinet_tengine.h 文件中的 cinet 类，可定义 py::class_<cinet>(m, "cinet")，前一个 cinet 是 C++中定义的类名，后一个 cinet 是在 Python 中调用时使用的类名。示例代码如下。

```
1.     py::bind_vector<std::vector<CIBox>>(m, "vector_CIBox");
2.     py::class_<cinet>(m, "cinet")
3.         .def(py::init<>())
4.         .def("init", (int (cinet::*)(const char*)) & cinet::init, py::arg("model_path"))
5.         .def("init", (int (cinet::*)()) & cinet::init)
6.         .def("create_session", (int (cinet::*)()) & cinet::create_session)
7.         .def("release_session", (int (cinet::*)(int)) & cinet::release_session, py::arg("model_path"))
8.         .def("release", (int (cinet::*)()) & cinet::release)
9.         ;
```

上述代码中除了类的构造函数和一般成员函数外，还涉及其他几种类型的函数定义方法，介绍如下。

```
1.     .def("init", &cinet::init)
```

上述代码是最简单的类成员函数示例。

◆ 上述示例定义了 Python 中调用时使用的函数名称为 init，该函数使用 C++ 类 cinet 中的 init() 函数。

```
1.     .def("init", (int (cinet::*)(const char*)) & cinet::init, py::arg("model_path"))
2.     .def("init", (int (cinet::*)()) & cinet::init)
```

上述代码是类成员重载方法函数示例。

◆ 有时 C++ 类中会有几个具有相同名称的函数，这些函数具有不同的输入参数，尝试绑定如 init() 函数将导致错误，因为编译器不知道应该指定哪个方法；
◆ 可以通过将它们转换为函数指针来消除歧义，将多个函数绑定到相同的名称会自动创建一系列函数重载；
◆ 上述示例定义了两个 init() 函数，通过定义不同输入参数的函数指针重载多个函数。

```
1.     .def("get_version", [](cinet &m) {
2.         char version[255];
3.         m.get_version(version);
4.         py::object ver = py::cast(version);
5.         return ver;
6.     })
```

上述代码是类成员 lambda 函数示例。

◆ 有时在 Python 中不能直接调用 C++ 类中的成员函数，需对其做一些修改再进行输出；
◆ 上述函数用来获取版本信息，原 cinet 类中 get_version() 函数是通过参数 version 获取版本信息的；
◆ 在 Python 中通常不采用指针参数或实参引用返回的方式获取函数执行结果，此时可以通过 lambda 函数先获取参数 version，再转换成 py::object 对象输出；
◆ 需注意该 lambda 函数中需带 cinet &m 参数，否则无法调用 cinet 类中的 get_version() 函数。

```
1.     int identify_match(const float* iris_feature, int feature_length, const float* candidate_list, int list_count, float& score, unsigned int& candidate_id);
```

如上述代码所示的 C++函数，类成员函数需要通过实参引用或指针参数返回多个执行结果时，前面介绍的定义方式就不满足要求了。

- 上述函数中包含两个实参引用 float& score 和 unsigned int& candidate_id，用普通的成员函数定义方法在 Python 端调用时是无法返回 score 和 candidate_id 参数值的，需用到特殊的 lambda 函数定义方式。
- 可以先定义在 Python 端可以使用的 float 和 unsigned int 数据类型 Float 和 UInt，然后再定义 identify_match 的 lambda 函数；将 Float 和 UInt 类型变量 score 和 candidate_id 作为实参传入，在函数体内部使用 score 和 candidate_id 中的成员变量 value 作为实参传入 C++函数；返回值将保存在 value 中，在 Python 端即可以通过变量 score 和 candidate_id 获取返回值，这样就达到了获取多个返回值的目的。示例如下：

```
1.    class Float {                              //C++端数据类型定义
2.    public:
3.      Float() {}
4.      Float(float v) { value = v; }
5.      float value;
6.    };
7.    class UInt {
8.    public:
9.      UInt() {}
10.     UInt(unsigned int v) { value = v; }
11.     unsigned int value;
12.   };
13.
14.   PYBIND11_MODULE(example, m)  //Python端数据类型定义
15.      py::class_<Float>(m, "Float")
16.         .def(py::init<>())
17.         .def(py::init<float>())
18.         .def_readwrite("value", &Float::value)
19.         ;
20.      py::class_<UInt>(m, "UInt")
21.         .def(py::init<>())
22.         .def(py::init<unsigned int>())
23.         .def_readwrite("value", &UInt::value)
24.         ;
25.     .def("identify_match", [](py::buffer iris_feature, int feature_length,
            py::buffer candidate_list, int list_count, Float& score, UInt& candidate_id) {
26.             return m.identify_match(static_cast<float *>(iris_feature.request().
                ptr), feature_length, static_cast<float *>(candidate_list.request().ptr),
                list_count, score.value, candidate_id.value); })
27.   }
```

下面的代码是类成员函数使用 STL 数据类型的示例。

- 使用 Python 编程时，常使用内建容器作为函数的参数或返回值，Python 语言的这种特性使程序变得非常灵活和易于理解；
- 在使用 pybind11 封装 C++函数时，将 STL 容器公开为本地 Python 对象的能力是一个相当普遍的要求；
- pybind11 提供了一个可选头文件 pybind11/stl_bind.h 解决这类问题。

```
1.    #include <pybind11/stl_bind.h>
2.    namespace py = pybind11;
```

```
3.    PYBIND11_MAKE_OPAQUE(std::vector<CIBox>)  //生成不透明类型
4.    PYBIND11_MODULE(example, m)
5.    {
6.        py::bind_vector<std::vector<CIBox>>(m, "vector_CIBox"); //绑定容器
7.    }
```

（6）在 Python 端使用 enum 枚举类型。

原 C++代码如下。

```
1.    enum segment_masks{
2.        NONE = 0,
3.        SEG_EYE = 2,
4.        SEG_EYELASH = 4,
5.        SEG_EYELID = 8,
6.        SEG_PUPIL = 16,
7.        SEG_IRIS = 32,
8.        SEG_SCLERA =64,
9.        SEG_LIGHT_SPOT = 128
10.    };
```

使用 py::enum_<>和 value 关键字进行定义，可以在 Python 中调用，代码如下。

```
1.    py::enum_<segment_masks>(m, "segment_masks")
2.        .value("NONE", segment_masks::NONE)
3.        .value("SEG_EYE", segment_masks::SEG_EYE)
4.        .value("SEG_EYELASH", segment_masks::SEG_EYELASH)
5.        .value("SEG_EYELID", segment_masks::SEG_EYELID)
6.        .value("SEG_PUPIL", segment_masks::SEG_PUPIL)
7.        .value("SEG_IRIS", segment_masks::SEG_IRIS)
8.        .value("SEG_SCLERA", segment_masks::SEG_SCLERA)
9.        .value("SEG_LIGHT_SPOT", segment_masks::SEG_LIGHT_SPOT)
10.        ;
```

◆ 为 enum_构造函数指定 py::arithmetic()标签，代码示例如下（pybind11 会创建一个枚举，该枚举支持基本算术运算和位操作，如比较、与、或、异或、否等）。

```
1.    py::enum_<segment_masks>(m, "segment_masks" , py::arithmetic())
2.        ...
```

至此只介绍了 pybind11 库的部分使用方法和示例，详细的使用方法和示例可通过 pybind11 官方网站查阅相关文档。

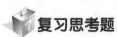复习思考题

（1）为什么要将 C++函数转换为 Python 接口？
（2）如何实现将 C++函数转换为 Python 接口？

5.3.4 虹膜图像检测与定位的 Python 实现

基于上节的介绍，本节将介绍虹膜图像检测与定位的 Python 实现。创建名称为 pyeaidk 的项目，在工作空间目录下创建 pyeaidk 目录，基于 cinet 的 C++类创建 Python 类模块。

在 Python 目录下新建 pybind11_mat.h、eaidk.cpp 和 CMakeLists.txt 文件，其中 pybind11_mat.h 定义了 C++ OpenCV 中的 Mat 类、Point 类、Rect 类等与 Python

虹膜图像检测与定位的 Python 实现

中 numpy 模块类的绑定代码，这样可实现 numpy 数据与 OpenCV 对象数据的相互传递；eaidk.cpp 则定义了 cinet 类相关的结构体和函数。关键代码如下。

1. pybind11_mat.h 文件

```
1.  namespace pybind11 {
2.    namespace detail {
3.      template <>
4.      struct type_caster<cv::Point> {
5.        //定义 cv::Point 类型名为 tuple_xy,并声明类型为 cv::Point 的局部变量 value。
6.        PYBIND11_TYPE_CASTER(cv::Point, _("tuple_xy"));
7.        //步骤1: 从 Python 转换到 C++。
8.        //将 Python tuple 对象转换为 C++ cv::Point 类型,转换失败则返回 false。
9.        //其中参数2表示是否进行隐式类型转换。
10.       bool load(handle obj, bool) {
11.         // 从 handle 提取 tuple 对象,确保其长度是2。
12.         py::tuple pt = reinterpret_borrow<py::tuple>(obj);
13.         //!将长度为2的 tuple 转换为 cv::Point。
14.         value = cv::Point(pt[0].cast<int>(), pt[1].cast<int>());
15.         return true;
16.       }
17.       //步骤2: 从 C++ 转换到 Python。
18.       //将 C++ cv::Mat 对象转换到 tuple,参数2和参数3常忽略。
19.       static handle cast(const cv::Point& pt, return_value_policy, handle) {
20.         return py::make_tuple(pt.x, pt.y).release();
21.       }
22.     };
23.     //矩形与元组转换, cv::Rect <=> tuple(x,y,w,h)
24.     template<>
25.     struct type_caster<cv::Rect> {
26.       PYBIND11_TYPE_CASTER(cv::Rect, _("list_xywh"));
27.       bool load(handle obj, bool) {
28.         py::list rect = reinterpret_borrow<py::list>(obj);
29.         value = cv::Rect(rect[0].cast<int>(), rect[1].cast<int>(),
                            rect[2].cast<int>(), rect[3].cast<int>());
30.         return true;
31.       }
32.       static handle cast(const cv::Rect& rect, return_value_policy, handle) {
33.         py::list l(4);
34.         l[0] = rect.x; l[1] = rect.y; l[2] = rect.width; l[3] = rect.height;
35.         return l.release();
36.       }
37.     };
38.     template<>
39.     struct type_caster<cv::Mat> {
40.     public:
41.       PYBIND11_TYPE_CASTER(cv::Mat, _("numpy.ndarray"));
42.       // 1. castnumpy.ndarray to cv::Mat
43.       bool load(handle obj, bool) {
44.         array b = reinterpret_borrow<array>(obj);
45.         buffer_info info = b.request();
46.         //省略部分代码
```

```cpp
47.                 value = cv::Mat(nh, nw, dtype, info.ptr);
48.                 return true;
49.             }
50.             // 2. cast cv::Mat to numpy.ndarray
51.             static handle cast(const cv::Mat& mat, return_value_policy, handle defval) {
52.                 //省略部分代码
53.                 return array(buffer_info(mat.data, elemsize, format, dim,
                        bufferdim, strides)).release();
54.             }
55.         };
56.     }
57. }
```

2. eaidk.cpp 文件

```cpp
1.  PYBIND11_MAKE_OPAQUE(std::vector<CIBox>)
2.  PYBIND11_MODULE(pyeaidk, m)
3.  {
4.      py::bind_vector<std::vector<CIBox>>(m, "vector_CIBox");
5.      py::class_<CIBox>(m, "CIBox", py::buffer_protocol())
6.          .def(py::init<>())
7.          .def_readonly("score", &CIBox::score)
8.          .def_readwrite("x1", &CIBox::x1)
9.          .def_readwrite("y1", &CIBox::y1)
10.         .def_readwrite("x2", &CIBox::x2)
11.         .def_readwrite("y2", &CIBox::y2)
12.         .def_property("key_point", [](CIBox &m) {
13.             return py::array_t<float>(CINET_KEY_POINT * 2, m.key_point); },
14.             [](CIBox &m, py::array_t<float> key_point) {
15.                 py::buffer_info buf = key_point.request();
16.                 float *ptr = static_cast<float *>(buf.ptr);
17.                 memcpy(m.key_point, ptr, buf.size * sizeof(float));
18.             })
19.         ;
20.     py::class_<cinet>(m, "cinet")
21.         .def(py::init<>())
22.         .def("init",(int (cinet::*)(const char*)) & cinet::init, py::arg("model_path"))
23.         .def("init",(int (cinet::*)()) & cinet::init)
24.         .def("create_session",(int (cinet::*)()) & cinet::create_session)
25.         .def("release_session",(int (cinet::*)(int)) & cinet::release_session, py::arg("model_path"))
26.         .def("detect",(int (cinet::*)(int, cv::Mat&, std::vector<CIBox>&, int, float, float, float, float, float, float)) & cinet::detect, py::arg("session"), py::arg("img"), py::arg("eyes"),
27.             py::arg("min_size") = 80, py::arg("c1_score") = 0.6f, py::arg("c2_score")= 0.7f, py::arg("c3_score")= 0.7f, py::arg("c1_nms")= 0.5f, py::arg("c2_nms")= 0.5f, py::arg("c3_nms") = 0.7f, py::call_guard<py::gil_scoped_release>())
28.         .def("release",(int (cinet::*)()) & cinet::release)
29.         ;
30. }
```

3. CMakeLists.txt 编译脚本文件

```
1.  project(pyeaidk)
2.  find_package(pybind11 REQUIRED)
```

```
3.    # 指定 Tengine 库路径，可根据设备具体配置修改
4.    set( TENGINE_DIR ${CMAKE_CURRENT_SOURCE_DIR}/../3rdparty/Tengine-Lite/build/install/)
5.    set( TENGINE_LIBS tengine-lite )
6.    include_directories(${TENGINE_DIR}/include)
7.    link_directories(${TENGINE_DIR}/lib)
8.    find_package(OpenCV REQUIRED)
9.    if(OpenCV_FOUND)
10.       include_directories(${OpenCV_INCLUDE_DIRS})
11.       # 添加编译源码，编译 pyeaidk 中的 cinet 模块
12.       pybind11_add_module(${CMAKE_PROJECT_NAME} eaidk.cpp ../cinet/cinet_tengine.cpp)
13.       # 链接 OpenCV 和 Tengine 库
14.       target_link_libraries(${CMAKE_PROJECT_NAME} PUBLIC ${TENGINE_LIBS} ${OpenCV_LIBS} -lpthread)
15.    endif()
```

4. 进入 eaidk.cpp 和 CMakeLists.txt 所在目录进行编译

直接在 pyeaidk 目录进行编译（无须新建 build 目录）。

```
[openailab@localhost pyeaidk]$ cmake .
[openailab@localhost pyeaidk]$ make
```

编译成功后可看到在该目录下生成 pyeaidk.cpython-36m-aarch64-linux-gnu.so 文件，此时即可进入 Python 环境测试函数调用。

```
[openailab@localhost pyeaidk]$ python3
>>> import pyeaidk as ai
>>> ai.cinet().get_version()
'1.0.2.0'
>>>
```

C++ 函数能正常调用，说明编译成功。

5. cinet 类的 python 接口调用示例

（1）在 eaidk.cpython-36m-aarch64-linux-gnu.so 所在目录下创建 cinet.py 文件，关键代码如下。

```
1.    import sys
2.    import cv2
3.    import numpy as np
4.    import pyeaidk as ai
5.    #绘制检测框
6.    def draw_irisobjects(image, irisobjects):
7.        for obj in irisobjects:
8.            cv2.rectangle(image, (int(obj.x1), int(obj.y1)),
9.                (int(obj.x2), int(obj.y2)), (255, 0, 0))
10.           #key_point 中数据排列顺序为: x1,x2,x3...x23 y1,y2,y3...y23
11.           points = obj.key_point.reshape(2,23)
12.           points = points.transpose(1,0)
13.           for x, y in points:
14.               cv2.circle(image, (int(x), int(y)), 2, (0, 255, 255), -1)
15.       cv2.imshow("image", image)
16.       cv2.waitKey(0)
17.   if __name__ == "__main__":
```

```
18.     imagepath = sys.argv[1]
19.     #打开待检测图像
20.     original_img = cv2.imread(imagepath, cv2.IMREAD_COLOR)
21.     #将图像缩小进行检测
22.     scale = 2
23.     m = cv2.resize(original_img,(int(original_img.shape[1] / scale),int(original_
        img.shape[0] / scale)),interpolation=cv2.INTER_LINEAR)
24.     #创建cinet检测模块detector并进行模型初始化
25.     cinet_model_path = "../cinet/"        #模型文件所在路径
26.     detector = ai.cinet()
27.     detector.init(cinet_model_path)
28.     session = detector.create_session()
29.     eyes = ai.vector_CIBox()
30.     #检测,结果保存在eyes对象中,该对象是容器类型
31.     result = detector.detect(session, m, eyes);
32.     #输出检测目标信息
33.     for eye in eyes:
34.         print(eye.x1, eye.y1, eye.x2, eye.y2)
35.         print(eye.key_point)
36.     draw_irisobjects(m, eyes)
37.     #释放detector,一般在全部任务结束后进行释放
38.     detector.release_session(session);
39.     detector.release();
```

(2)进入命令行终端执行该Python脚本,执行结果如下。

```
[openailab@localhost pyeaidk]$ python3 cinet.py ../cinet/iris.bmp
tengine version = 1.2-dev
create_session: 24.915ms
detect: 16.813ms
100 66 211 176
[110.20174  142.41614  …]
```

在本例中,脚本执行后会弹出检测图像显示框,显示图像定位结果,如图5.16所示。

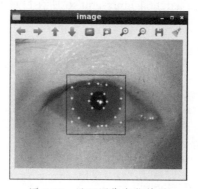

图 5.16 显示图像定位结果

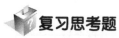复习思考题

(1)pybind11库的作用是什么?在什么情况下会用到pybind11库?
(2)虹膜的检测与定位采用了什么算法,该算法有什么特点?

（3）在图 5.16 上如何显示关键点的排列顺序？编写 C++或 Python 程序实现。
（4）如何根据上述关键点拟合瞳孔边缘、虹膜外边缘、上下眼睑边缘？

5.4 虹膜图像的精确定位及归一化

有了粗定位后，接下来就可以进行虹膜图像的精确定位及归一化操作。

5.4.1 虹膜图像的精确定位及归一化原理

精确定位包括定位瞳孔边缘、虹膜外边缘和上下眼睑边缘。由于上述算法定位的虹膜区域和关键点坐标会受到一些噪声干扰，如光斑、噪点、睫毛等，导致关键点坐标不一定很准确，因此需在此基础上，利用关键点坐标对瞳孔边缘、虹膜外边缘、上下眼睑边缘进行精确定位。由于上下眼睑的定位只对虹膜有效区域的评价和参与虹膜特征提取的有效像素比例有一些影响，但影响不大，因此可直接采用上下眼睑的关键点坐标进行椭圆或抛物线拟合；而瞳孔和虹膜定位信息对后续归一化和虹膜特征提取的影响较大，因此需精确定位出瞳孔和虹膜的圆心与半径。

1．虹膜图像的精确定位

为了能清楚说明定位原理，本节将瞳孔和虹膜视作两个不同心的圆模型，按圆模型对瞳孔边缘和虹膜外边缘进行精确定位，以抛物线模型对上下眼睑边缘进行精确定位，即计算瞳孔和虹膜拟合圆的圆心坐标(x, y)和半径 r，以及上下眼睑拟合二次多项式的 3 个系数 a, b, c。虹膜图像的精确定位流程图如图 5.17 所示。

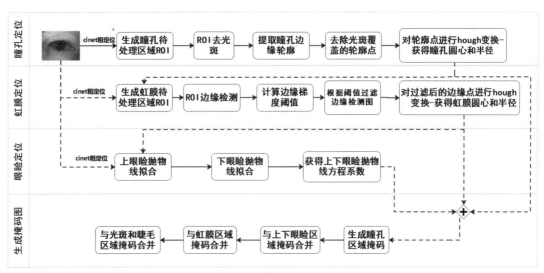

图 5.17 虹膜图像的精确定位流程图

第 1 步：在 cinet 粗定位的基础上，利用关键点坐标生成瞳孔待处理区域 ROI，为方便起见，将上下眼睑关键点拟合椭圆视作未被覆盖区域；接下来为规避瞳孔区域光斑的影响，预先将光斑去除，并对光斑做好标记，得到去光斑后的瞳孔区域掩码图像；对该掩码图像搜索最大连通域轮廓（因为瞳孔被认为是该区域面积最大的连通域），然后再去除光斑覆盖的影响精确定位的轮廓点，最后再对剩下的轮廓点进行 hough 变换，计算获得瞳孔圆心和半径。

第 2 步：在 cinet 粗定位和瞳孔精确定位的基础上，生成虹膜待处理区域 ROI，对 ROI 区域进行边缘检测，通过边缘检测图自适应计算边缘梯度阈值，根据该阈值过滤边缘检测图，然后对过滤后的边缘点进行 hough 变换，获得虹膜圆心和半径。

第 3 步：利用 cinet 粗定位和得到的上下眼睑关键点进行抛物线拟合，获得上下眼睑抛物线方程的系数。

经过前面 3 步的处理，在已经获得瞳孔、虹膜边缘（外圆）圆心和半径，以及上下眼睑边缘（抛物线）方程的系数的前提下，逐步生成瞳孔、虹膜、上下眼睑区域的掩码图像，再去除光斑和睫毛区域，合并生成最终的掩码图像和 ROI 图像，为下一步虹膜图像的归一化奠定基础。

> ⚠ 注：hough 变换假设一个中心坐标为 (X_c, Y_c)，半径为 R 的圆，每个边缘点根据 hough 变换映射到 hough 空间，搜索其在 hough 空间中的峰值点，峰值点对应的中心坐标和半径即为瞳孔或虹膜的圆心坐标和半径。

2．虹膜图像归一化

虹膜图像归一化是将精确定位分割后的虹膜圆环从直角坐标系映射到极坐标系下的归一化过程，如图 5.18 所示。将沿瞳孔分布的放射状虹膜纹理转换为极坐标下纵向分布的纹理，极坐标系下的纹理在瞳孔放缩时将沿纵向放缩。

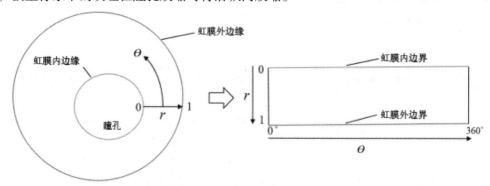

图 5.18　虹膜图像归一化示意图

此处要特别注意瞳孔和虹膜外圆非同心的情况，若两者为同心模型，则很容易将图 5.18 中直角坐标系下虹膜圆环图像转换为极坐标系下矩形图像。为帮助理解非同心圆环形图像归一化过程，下面详细介绍非同心模型坐标转换的原理和流程，如图 5.19 所示。

图 5.19 中虚线是以 θ 角度从瞳孔圆心 P_c 向外延伸，连接瞳孔外边缘和虹膜外边缘的连线 L_{PI}。由于 P_c 到瞳孔外边缘的距离为瞳孔半径 P_R，根据 θ 角度可以求取交点坐标，只要能计算出 L_{PI} 与虹膜外边缘交点的坐标，就能通过插值计算求取 L_{PI} 上每一点的坐标。连线旋转一周，θ 从 0° 变化到 360°，即可获得极坐标系下每个像素的极坐标。这样问题就转变为只需计算出在 θ 角度上 P_c 到虹膜外边缘的距离 IP_R。

经过精确定位后，已知瞳孔圆心 (P_{cx}, P_{cy})、瞳孔半径 P_R、虹膜圆心 (I_{cx}, I_{cy})、虹膜半径 I_R，以及 θ 角度，需要计算 θ 角度上的 IP_R 长度，详细计算过程如下。

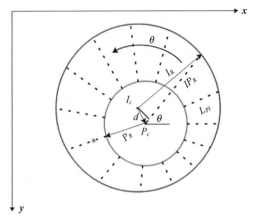

图 5.19 非同心圆环归一化模型

（1）作直线连接 I_c 和 P_c，记其长度为 d，则有

$$d = \sqrt{(P_{cx} - I_{cx})^2 + (P_{cy} - I_{cy})^2} \tag{5-1}$$

$$d^2 = (P_{cx} - I_{cx})^2 + (P_{cy} - I_{cy})^2 \tag{5-2}$$

（2）记 I_c 与 P_c 连线与水平线的夹角为 α，与 IP_R 线段的夹角为 β，已知 θ，则有

$$\beta = 180 - \alpha - \theta \tag{5-3}$$

（3）得到 β 后，从虹膜外圆圆心 I_c 向 IP_R 作垂线，可计算所作垂线（设其与 IP_R 交点为 IP_P）长度，则有

$$l = d * \cos(\beta) \tag{5-4}$$

（4）进一步可计算 IP_P 到 IP_R 与虹膜外边缘交点的距离，则有

$$d^* = \sqrt{IR^2 - (d * \sin(\beta))^2} \tag{5-5}$$

（5）为优化计算，利用（1）和（3）的计算结果，最后可得 IP_R 长度，则有

$$IP_R = d * \cos(\beta) + \sqrt{(d * \cos(\beta))^2 - (d^2 - IR^2)} \tag{5-6}$$

至此即得到虹膜特征编码所需的归一化图像，归一化起始角度以及归一化图像的宽和高（即采样角度和圆环半径）都可根据需要自行定义。

5.4.2 虹膜图像精确定位及归一化的 C++实现

由于虹膜图像精确定位依赖 cinet 粗定位结果，因此创建的精确定位项目（命名为 iris_segment）中需集成 5.3.2 节中的代码，包括 cinet_tengine.h、cinet_tengine.cpp 文件，以及模型文件 c1-net.tmfile、c2-net.tmfile 和 c3-net.tmfile。

虹膜图像精确定位及归一化的 C++实现

1．虹膜图像精确定位 C++实现

创建名为 iris_segment 的项目，在工作空间目录下新建 iris_segment 目录。

复制或上传 cinet 代码文件 cinet_tengine.h、cinet_tengine.cpp，三级网络模型文件 c1-net.tmfile、c2-net.tmfile 和 c3-net.tmfile，待检测图像文件 iris.bmp 至 iris_segment 目录。

在 iris_segment 目录下新建 4 个文件 image_result.h、image_result.cpp、iris_segment.h、iris_segment.cpp，代码如下。

（1）image_result.h 文件。该文件包含虹膜精确定位所需用到的结构体定义和定位信息类的接口定义，关键代码如下。

```cpp
1.  #define      PUPIL_RADIUS_MIN       12    //瞳孔最小半径
2.  #define      PUPIL_RADIUS_MAX       85    //瞳孔最大半径
3.  #define      IRIS_RADIUS_MIN        75    //虹膜最小半径
4.  #define      IRIS_RADIUS_MAX        200   //虹膜最大半径
5.  class eye_circle{                         //圆模型结构体
6.  public:
7.      int x;
8.      int y;
9.      int radius;
10.     eye_circle();
11.     void clear();
12. };
13. class eye_oval{                           //抛物线模型结构体
14. public:
15.     float a;
16.     float b;
17.     float c;
18.     eye_oval();
19.     void clear();
20. };
21. enum segment_masks{                       //掩码标记枚举类型
22.     NONE = 0,
23.     SEG_EYE = 2,
24.     SEG_EYELASH = 4,
25.     SEG_EYELID = 8,
26.     SEG_PUPIL = 16,
27.     SEG_IRIS = 32,
28.     SEG_SCLERA = 64,
29.     SEG_LIGHT_SPOT = 128
30. };
31. struct iris_image_quality_info            //虹膜图像质量信息结构体
32. {
33.     float IrisRadius;                     //虹膜半径
34.     float IrisFocus;                      //虹膜清晰度
35.     float IrisVisibility;                 //虹膜有效区域比例
36.     float ScleraIrisContrast;             //巩膜虹膜对比度
37.     float IrisPupilContrast;              //虹膜瞳孔对比度
38.     float PupilIrisDiameterRatio;         //瞳孔虹膜半径比例
39.     float HorizontalMarginScore;          //水平边界裕度
40.     float VerticalMarginScore;            //垂直边界裕度
41.     float PupilBoundaryCircularity;       //瞳孔边界圆度
42.     float GreyScaleUtilisation;           //灰度利用率
43.     float IrisPupilConcentricity;         //虹膜瞳孔同心性
44.     float Quality;                        //虹膜图像质量
```

```
45.     };
46.     class segment_result                          //虹膜图像精确定位结果类
47.     {
48.     public:
49.         segment_result (const int pupil_radius_min = PUPIL_RADIUS_MIN, const int
                pupil_radius_max = PUPIL_RADIUS_MAX, const int iris_radius_min = IRIS_RADIUS_MIN,
                const int iris_radius_max = IRIS_RADIUS_MAX);
50.         segment_result (const segment_result &result);
51.         void init(const int pupil_radius_min = PUPIL_RADIUS_MIN, const int pupil_
                radius_max = PUPIL_RADIUS_MAX, const int iris_radius_min = IRIS_RADIUS_MIN, const
                int iris_radius_max = IRIS_RADIUS_MAX);
52.         segment_result & operator=(const segment_result &result);
53.         virtual ~segment_result ();
54.     public:
55.         cv::RotatedRect   eye_roi;
56.         cv::Mat     original_img;                  //输入图像
57.         cv::Mat     roi_img;                       //语义分割图像
58.         cv::Mat     result_img;                    //中间结果图像, 一般用于调试
59.         cv::Mat     normal_img;                    //归一化图像
60.         cv::Mat     mask_img;                      //掩码图像
61.         eye_circle    pupil_circle;                //瞳孔内圆
62.         eye_circle    iris_circle;                 //虹膜外圆
63.         eye_oval      uppereyelid_oval;            //上眼睑
64.         eye_oval      lowereyelid_oval;            //下眼睑
65.         iris_image_quality_info iso_quality;       //iso 图像质量
66.         int  _pupil_radius_min;                    //瞳孔最小半径
67.         int  _pupil_radius_max;                    //瞳孔最大半径
68.         int  _iris_radius_min;                     //虹膜最小半径
69.         int  _iris_radius_max;                     //虹膜最大半径
70.     };
```

（2）image_result.cpp 文件。该文件包含虹膜精确定位所需用到的结构体和定位信息类的初始化函数、构造函数和析构函数，其中 segment_result 类的构造函数代码如下。

```
1.  segment_result::segment_result(const int pupil_radius_min, const int pupil_
        radius_max, const int iris_radius_min, const int iris_radius_max) {
2.      pupil_circle.clear();
3.      iris_circle.clear();
4.      uppereyelid_oval.clear();
5.      uppereyelid_oval.clear();
6.      lowereyelid_oval.clear();
7.      lowereyelid_oval.clear();
8.      iso_quality.IrisVisibility = 0.0;
9.      iso_quality.HorizontalMarginScore = 0.0;
10.     iso_quality.VerticalMarginScore = 0.0;
11.     _pupil_radius_min = pupil_radius_min;
12.     _pupil_radius_max = pupil_radius_max;
13.     _iris_radius_min = iris_radius_min;
14.     _iris_radius_max = iris_radius_max;
```

（3）iris_segment.h 文件。该文件包含虹膜精确定位类的接口定义，代码如下。

```cpp
1.  class iris_segment
2.  {
3.  public:
4.      iris_segment ();
5.      virtual ~iris_segment ();
6.      //精确定位函数 input_img 为输入图像, eye_ret 为输入的 cinet 粗定位结果, segment_ret
        //为输出的精确定位结果
7.      virtual int detect (cv::Mat& input_img, CIBox& eye_ret, segment_result&
        segment_ret);
8.  };
```

（4）iris_segment.cpp 文件。该文件包含虹膜精确定位所需用到的函数，包括瞳孔精确定位、虹膜外圆精确定位、上下眼睑精确定位、去光斑和去睫毛的掩码标记等，代码如下。

```cpp
1.  int iris_segment::detect(cv::Mat& input_img, CIBox& eye_ret, segment_result&
    segment_ret)
2.  {
3.      return iris_segment_impl->detect(input_img, eye_ret, segment_ret);
4.  }
5.  int iris_segment::Impl::detect (cv::Mat& input_img, CIBox& eye_ret, segment_
    result& segment_ret)
6.  {
7.      int ret = S_OK;
8.      cv::Mat img;
9.      if (input_img.channels() == 3) {
10.         cv::cvtColor(input_img, img, CV_BGR2GRAY);
11.     }
12.     else {
13.         img = input_img;
14.     }
15.     //瞳孔精确定位
16.     if((ret = pupil_detect(img, eye_ret, segment_ret)) != S_OK) {
17.         return ret;
18.     }
19.     //虹膜外圆精确定位
20.     if((ret = iris_detect(img, eye_ret, segment_ret)) != S_OK) {
21.         return ret;
22.     }
23.     //眼睑精确定位
24.     if((ret = eyelid_detect(img, eye_ret, segment_ret)) != S_OK) {
25.         return ret;
26.     }
27.     //掩码标记
28.     ret = set_mask(img, eye_ret, segment_ret);
29.     return ret;
30. }
```

- pupil_detect()、iris_detect()、eyelid_detect()分别为瞳孔、虹膜外圆和眼睑精确定位函数，函数内部实现详见本书提供的代码；
- set_mask()为精确定位后标记瞳孔、虹膜、眼睑、光斑和睫毛区域的函数，它为后续的归一化设置掩码区域。

2. 虹膜图像精确定位 C++调用

在 iris_segment 目录下新建 main.cpp 文件，该文件实现完整的虹膜粗定位和精确定位的调用流程，需包含 iris_segment.h 文件，关键代码如下。

```cpp
1.  #include "iris_segment.h"
2.  //CINET 检测器实例
3.  cinet detector;
4.  //检测器初始化
5.  root_path = "../";
6.  detector.init((root_path + "model/tengine/").c_str());
7.  //生成检测器 session，可生成多个，支持多线程多幅图像并行检测
8.  int session = detector.create_session();
9.  //打开图像
10. cv::Mat original_img = cv::imread(image_file, cv::IMREAD_GRAYSCALE);
11. cv::Mat small_img;
12. cv::resize(original_img, small_img, cv::Size(original_img.cols / scale,
        original_img.rows / scale), 0, 0);
13. std::vector<CIBox> boxes;
14. //cinet 粗定位
15. detector.detect(session, small_img, boxes);
16. iris_segment segment;
17. segment_result result;
18. for (int i = 0; i < (int)boxes.size(); ++i) {
19.     boxes[i].x1 *= scale;        boxes[i].x2 *= scale;
20.     boxes[i].y1 *= scale;        boxes[i].y2 *= scale;
21.     for (int j = 0; j < CINET_KEY_POINT * 2; ++j) {
22.         boxes[i].key_point[j] *= scale;
23.     }
24.     //精确定位
25.     int ret = segment.detect(original_img, boxes[i], result);
26. }
27. //释放检测器 session
28. detector.release_session(session);
29. //释放检测器实例
30. detector.release();
```

3. 虹膜图像归一化 C++编程及调用

在 iris_segment 目录下新建 normalization.h 和 normalization.cpp 文件，这两个文件实现基于 rubber_sheet 模型的归一化，关键代码如下。

（1）normalization.h 文件。

```cpp
1.  class normalization
2.  {
3.  public:
4.      normalization();
5.      normalization(const int radial_samplecount, const int angular_samplecount);
6.      virtual ~normalization();
7.      //图像归一化函数，input_img 为输入图像，eye_ret 为输入的 cinet 粗定位结果，segment_
        //ret 为输出的精确定位结果
8.      //angle_shift 为归一化起始角度，一般设为 90 度
```

```
9.     virtual int normalizeiris (cv::Mat& input_img, CIBox& eye_ret, segment_
       result& segment_ret, float angle_shift);
10. };
```

（2）normalization.cpp 文件。最终的归一化图像需通过 segment_ret.normal_img 变量获取，关键代码如下。

```
1.  #define RADIAL_SAMPLECOUNT_EX    56
2.  #define ANGULAR_SAMPLECOUNT_EX   224
3.  int normalization::normalizeiris(cv::Mat& input_img, CIBox& eye_ret, segment_
    result& segment_ret, float angle_shift)
4.  {
5.      return normalization_impl->normalizeiris(input_img, eye_ret, segment_ret,
        angle_shift);
6.  }
7.  int normalization::Impl::normalizeiris (cv::Mat& input_img, CIBox& eye_ret,
    segment_result& segment_ret, float angle_shift)
8.  {
9.      cv::Mat img;
10.     if (input_img.channels() == 3) {
11.         cv::cvtColor(input_img, img, CV_BGR2GRAY);
12.     }
13.     else {
14.         img = input_img;
15.     }
16.  bool ret_bool = get_normal_image(img, eye_ret, segment_ret, angle_shift);
17.     return (ret_bool ? S_OK : S_FALSE);
18. }
19. bool normalization::Impl::get_normal_image (cv::Mat& input_img, CIBox& eye_ret,
    segment_result& segment_ret, float angle_shift)
20. {
21.     //省略部分代码，详见本书提供的代码
22. }
```

（3）归一化类调用。在 iris_segment 目录下的 main.cpp 文件中添加归一化类调用代码，需包含 normalization.h 文件，关键代码如下。

```
1.  normalization norm;
2.  norm.normalizeiris(original_img, boxes[i], result, 90.0f);
```

◆ boxes[i]为虹膜图像精确定位 C++调用中 cinet 粗定位的结果；
◆ result 为虹膜图像精确定位 C++调用中精确定位的结果；
◆ result.normal_img 为归一化图像，后续需使用该图像进行特征提取。

4．C++编译及运行

（1）编写 CMakeLists.txt 文件，用于编译 C/C++程序，将其置于代码同一目录下。只需在 5.3.2 节的 CMakeLists.txt 文件基础上修改，代码如下。

```
1.  # 定义项目名称
2.  project(iris_segment)
3.  set( SRCS ${CMAKE_CURRENT_SOURCE_DIR}/cinet_tengine.cpp
4.       ${CMAKE_CURRENT_SOURCE_DIR}/image_result.cpp
5.       ${CMAKE_CURRENT_SOURCE_DIR}/iris_segment.cpp
```

```
6.        ${CMAKE_CURRENT_SOURCE_DIR}/normalization.cpp
7.        ${CMAKE_CURRENT_SOURCE_DIR}/main.cpp)
```

（2）代码编写完毕后，相关的目录及文件结构如图5.20所示。

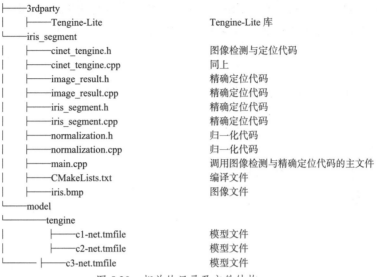

```
├──3rdparty
│    ├──Tengine-Lite                   Tengine-Lite 库
├──iris_segment
│    ├──cinet_tengine.h                图像检测与定位代码
│    ├──cinet_tengine.cpp              同上
│    ├──image_result.h                 精确定位代码
│    ├──image_result.cpp               精确定位代码
│    ├──iris_segment.h                 精确定位代码
│    ├──iris_segment.cpp               精确定位代码
│    ├──normalization.h                归一化代码
│    ├──normalization.cpp              归一化代码
│    ├──main.cpp                       调用图像检测与精确定位代码的主文件
│    ├──CMakeLists.txt                 编译文件
│    ├──iris.bmp                       图像文件
└──model
     └──tengine
          ├──c1-net.tmfile             模型文件
          ├──c2-net.tmfile             模型文件
          └──c3-net.tmfile             模型文件
```

图5.20　相关的目录及文件结构

（3）在iris_segment目录下新建build目录，进入build目录，编译。

（4）运行，命令如下。

```
./iris_segment -i ../iris.bmp -d 1
```

◆ -i代表检测的图像文件，-d代表是否显示检测结果图。

命令执行后会弹出检测图像显示框，显示图像精确定位及归一化结果，如图5.21所示。

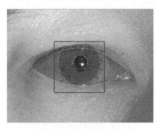

（a）粗定位和精确定位结果图　　　　（b）ROI图

（c）掩码图　　　　（d）虹膜区域归一化图

图5.21　精确定位及归一化结果

5.4.3 虹膜图像精确定位及归一化的 Python 实现

5.3.3 节已介绍过 C++代码的 Python 封装方法，也已创建了 pyeaidk 项目，其中已封装了 cinet 的 Python 接口，本节将在此基础上封装 iris_segment 类，实现在 Python 环境下对该类的调用。

虹膜图像精确定位及归一化的Python实现

1. 在 pyeaidk 目录下的 eaidk.cpp 文件中添加 image_result 等类和结构体的封装

（1）包含 image_result 头文件的代码如下。

```
1.  #include "../iris_segment/image_result.h"
```

（2）定义精确定位需要用到的 Python 类，代码如下。

```
1.  //圆模型类
2.  py::class_<eye_circle>(m, "eye_circle")
3.      .def(py::init<>())
4.      .def_readwrite("x", &eye_circle::x)
5.      .def_readwrite("y", &eye_circle::y)
6.      .def_readwrite("radius", &eye_circle::radius)
7.      .def("clear", &eye_circle::clear, "clear")
8.      ;
9.  //抛物线模型类
10. py::class_<eye_oval>(m, "eye_oval")
11.     .def(py::init<>())
12.     .def_readwrite("a", &eye_oval::a)
13.     .def_readwrite("b", &eye_oval::b)
14.     .def_readwrite("c", &eye_oval::c)
15.     .def("clear", &eye_oval::clear, "clear")
16.     ;
17. //掩码类型，该类型已在 5.3.3 节中示例，此处省略
18. //虹膜质量类
19. py::class_<iris_image_quality_info>(m, "iris_image_quality_info")
20.     .def_readwrite("IrisRadius", &iris_image_quality_info::IrisRadius)
21.     .def_readwrite("IrisFocus", &iris_image_quality_info::IrisFocus)
22.     //其他变量的定义同上
23.     ;
24. //虹膜图像定位结果类
25. py::class_<segment_result>(m, "segment_result")
26.     .def(py::init<const int, const int, const int, const int>(),
27.         py::arg("pupil_radius_min") = PUPIL_RADIUS_MIN, py::arg("pupil_radius_max") = PUPIL_RADIUS_MAX,
28.         py::arg("iris_radius_min") = IRIS_RADIUS_MIN, py::arg("iris_radius_max") = IRIS_RADIUS_MAX)
29.     .def(py::init<const segment_result &>(), "constructor by segment_result", py::arg("result"))
30.     .def_readonly("original_img", &segment_result::original_img)
31.     //其他 roi_img、normal_img 等变量的定义同上
32.     ;
```

2．添加 iris_segment 等类的封装

（1）包含 iris_segment 头文件的代码如下。

```
1.    #include "../iris_segment/iris_segment.h"
```

（2）定义精确定位类的 Python 定义的代码如下。

```
1.    py::class_<iris_segment>(m, "iris_segment")
2.        .def(py::init<>())
3.        .def("detect", (int (iris_segment::*)(cv::Mat&, CIBox&, segment_result&)) & iris_segment::detect,
4.             py::arg("img"), py::arg("eye_ret"),py::arg("segment_ret"), py::call_guard<py::gil_scoped_release>())
5.        ;
```

3．添加 normalization 等类的封装

（1）包含 normalization 头文件的代码如下。

```
1.    #include "../iris_segment/normalization.h"
```

（2）定义归一化类的 Python 定义的代码如下。

```
1.    py::class_<normalization>(m, "normalization")
2.        .def(py::init<>())
3.        .def(py::init<const int, const int>(),
4.             py::arg("radial_samplecount"), py::arg("angular_samplecount"))
5.        .def("normalizeiris", (int (normalization::*)(cv::Mat&, CIBox&, segment_result&, float, cv::Mat&, cv::Mat&)) & normalization::normalizeiris,
6.             py::arg("input_img"), py::arg("eye_ret"), py::arg("segment_ret"), py::arg("angle_shift"), py::call_guard<py::gil_scoped_release>())
7.        ;
```

4．编写 CMakeLists.txt 编译脚本文件

只需修改 pybind11_add_module 脚本函数，添加精确定位涉及的.cpp 文件，代码如下。

```
1.    pybind11_add_module(${CMAKE_PROJECT_NAME} eaidk.cpp ../cinet/cinet_tengine.cpp ../iris_segment/image_result.cpp ../iris_segment/iris_segment.cpp ../iris_segment/normalization.cpp)
```

5．进入 eaidk.cpp 和 CMakeLists.txt 所在目录进行编译

无须新建 build 目录，编译成功后进入 Python 环境，测试精确定位函数的调用功能。

```
[openailab@localhost pyeaidk]$ python3
Python 3.6.5 (default, Mar 29 2018, 17:45:40)
[GCC 8.0.1 20180317 (Red Hat 8.0.1-0.19)] on linux  s
Type "help", "copyright", "credits" or "license" for more information.
>>> import pyeaidk as ai
>>> segment = ai.iris_segment()
>>>
```

C++函数能正常调用，说明编译成功。

6. iris_segment 类的 Python 接口调用示例

（1）在 eaidk.cpython-36m-aarch64-linux-gnu.so 所在目录下创建 iris_segment_normal.py 文件，在 cinet.py 文件的基础上增加如下功能代码。

```
1.   #精确定位
2.   segment = ai.iris_segment()
3.   result = ai.segment_result()
4.   for eye in eyes:
5.       eye.x1 = eye.x1 * scale
6.       eye.y1 = eye.y1 * scale
7.       eye.x2 = eye.x2 * scale
8.       eye.y2 = eye.y2 * scale
9.       eye.key_point = eye.key_point * scale
10.      #执行精确定位函数
11.      ret = segment.detect(original_img, eye, result)
12.      print(result.pupil_circle.radius, result.iris_circle.radius)
13.      if ret == 0:
14.          angular_samplecount = 224
15.          radial_samplecount = 56
16.          norm = ai.normalization(radial_samplecount, angular_samplecount)
17.          #归一化
18.          norm.normalizeiris(original_img, eye, result, 90.0)
19.          draw_iris_segment(original_img, eye, result)
20.          cv2.imshow("roi", segment_ret.roi_img)        #显示 roi 图像
21.          cv2.imshow("mask", segment_ret.mask_img)      #显示掩码图像
22.          cv2.imshow("normal", segment_ret.normal_img)  #显示归一化图像
23.          cv2.waitKey(0)
```

（2）draw_iris_segment()为绘制精确定位分割图像的函数，代码如下。

```
1.   def draw_iris_segment(image, eye, result):
2.       img = cv2.cvtColor(image, cv2.COLOR_GRAY2BGR)
3.       cv2.circle(img, (result.pupil_circle.x, result.pupil_circle.y), result.pupil_circle.radius, (0, 255, 255), 1)
4.       cv2.circle(img, (result.iris_circle.x, result.iris_circle.y), result.iris_circle.radius, (0, 255, 255), 1)
5.       cv2.imshow("image", img)
6.       cv2.waitKey(0)
```

（3）进入命令行终端执行该 Python 脚本，执行结果如下。

```
[openailab@localhost pyeaidk]$ python3 iris_segment_normal.py P20.bmp
tengine version = 1.2-dev
create_session: 27.374ms
detect: 20.363ms
89 47 230 189
[101.28976  136.7039  …]
43 115
```

在本例中，脚本执行后会弹出检测图像显示框，显示虹膜图像粗定位、精确定位和归一化结果，如图 5.22 所示。

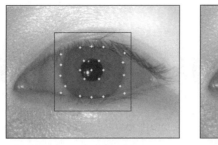
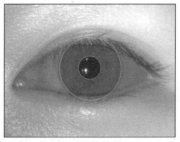

（a）粗定位　　　　　　　　（b）精确定位结果图

（c）ROI 图　　　　　　　　　（d）掩码图

（e）虹膜区域归一化图

图 5.22　粗定位、精确定位及归一化结果

复习思考题

（1）为什么要对虹膜图像进行精确定位及归一化？
（2）如何实现虹膜图像的精确定位及归一化？
（3）实现虹膜图像的精确定位的难点在哪里？

5.5　本章小结

本章简单介绍了虹膜识别的基本概念及虹膜识别系统的一般框架；重点介绍了虹膜图像读写、变换、基于 CINET 深度神经网络的检测与定位、精确定位及归一化的原理，以及基于 Tengine-Lite 推理框架通过 C++实现上述功能的流程和方法，展示了程序运行结果；还介绍了利用 pybind11 封装库将 C++类和函数转换为 Python 接口的方法，并通过调用 Python 接口实现了上述相同的功能。

第 6 章 虹膜图像特征提取与匹配

学习目标

(1) 了解虹膜图像质量评估的原理和作用。
(2) 了解虹膜图像特征提取和特征匹配以实现虹膜识别的原理。
(3) 熟练掌握虹膜图像质量评估和特征提取与匹配的 C++实现方法。
(4) 熟练掌握虹膜图像质量评估和特征提取与匹配的 Python 实现方法。

虹膜采集对于被采集者是非侵犯性的，这使得采集到的虹膜图像通常不仅包含虹膜区域，还包含人体的其他部分，比如面部、瞳孔、巩膜、眼睑、睫毛等。同时有效的虹膜区域图像会受到各种干扰因素的影响，常见的干扰因素有：眼睑、眼睫毛，拍摄时因反光造成的光斑，拍摄时因人眼移动或摄像设备对焦不当造成的模糊等。以上干扰因素都会不同程度地降低虹膜图像的质量，且采集到的图像通常会受不止一种因素的干扰。

虹膜识别是依据采集的虹膜图像中的纹理特征进行身份识别的，虹膜图像的特征提取主要指针对虹膜区域的纹理进行特征编码，纹理的丰富度、图像的清晰程度、有效区域面积以及受到的干扰都会对特征提取产生一定的影响。也就是说，虹膜图像的质量好坏会直接影响虹膜识别的准确度，质量较差的图像将增大虹膜误识风险，影响身份识别效果。

因此，在虹膜识别过程中要进行虹膜图像质量评估，从而从采集设备采集的图像序列中选择质量较好的虹膜图像，或在交互系统中对质量较差的虹膜图像重新采集，以提高识别准确率和体验效果。在虹膜识别过程中，虹膜图像质量评估一直是虹膜识别系统中一个非常重要的单元。

6.1 虹膜图像质量评估

虹膜图像的质量往往体现在多个方面，用单一或较少指标往往不能准确、客观地评估虹膜图像的整体质量情况。因此，本例选取虹膜有效区域、清晰度、虹膜半径、虹膜-瞳孔对比度、虹膜-巩膜对比度、瞳孔扩张性和灰度利用率这7个质量指标评估虹膜图像质量（具体可参考国家标准 GB/T 33767.6—2008/ISO/IEC 29794-6:2015）。

6.1.1 虹膜图像质量评估原理

下面就虹膜有效区域、清晰度、虹膜半径、虹膜-瞳孔对比度、虹膜-巩膜对比度、瞳孔扩张性、灰度利用率等 7 个方面简述虹膜图像质量评估原理。

1. 虹膜有效区域

在睫毛、眼睑、光斑等因素的影响下，虹膜区域无法完全显现。虹膜有效区域（Usable Iris Aren, UIA）是指虹膜未被遮挡的纹理区域，如图 6.1 所示。将虹膜-瞳孔和巩膜-虹膜边界近似为两个圆形，则虹膜有效区域 UIA 的计算公式为

$$\text{UIA} = \left(1 - \frac{N_{\text{occluded}}}{N_{\text{iris}}}\right) \times 100 \quad (6\text{-}1)$$

$$N_{\text{iris}} = \pi(R_{\text{iris}} - r_{\text{iris}})^2 \quad (6\text{-}2)$$

式中，N_{occluded} 表示圆环形虹膜纹理区域被眼睑、睫毛或光斑遮挡的面积，N_{iris} 表示整个虹膜纹理区域的面积，r_{iris} 和 R_{iris} 分别表示虹膜的内、外圆半径。UIA 的值越大，说明图像的虹膜有效区域越大，获取到的虹膜信息越丰富，虹膜图像的质量就越好，进而虹膜识别的准确率就越高。

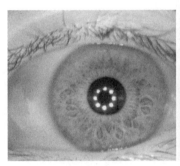
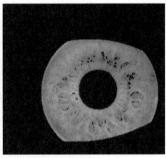

图 6.1 虹膜有效区域示意图

2. 清晰度

虹膜图像的清晰度直接影响虹膜识别的性能，是虹膜图像质量评估的一个关键因素。虹膜图像的清晰度主要反映为图像的傅里叶频谱中能量在高频上的分布，因此可以通过测量图像中虹膜区域的高频分量来评估清晰度指标，高频分量的分布越密集，表明虹膜图像的清晰度越高，可读的信息量越多。这里未使用标准文献中的计算方法，而是利用 Daugman 提出的 8×8 卷积核来提取虹膜有效区域的高频能量。定义虹膜有效区域的清晰度 SHN（Sharpness）的计算公式为

$$\text{SHN} = 100 \times \left(\frac{x^2}{x^2 + c^2}\right) \quad (6\text{-}3)$$

式中，x 表示虹膜有效区域经过 8×8 卷积核运算后的总频谱能量，c 为常数。

3. 虹膜半径

虹膜半径（Radius）直接反映出虹膜区域的大小，基于虹膜半径可以对原始人眼图像进行分割操作，以拟合出虹膜-巩膜边界圆形，实现对虹膜区域的定位，如图 6.2 所示。虹膜半径越大，虹膜有效区域就越大，包含的虹膜信息也就越多。

4. 虹膜-瞳孔对比度

虹膜-瞳孔对比度（iris pupil contrast，IPC）决定了图像中虹膜、瞳孔边界的清晰度，是虹膜图像质量评估的一个重要因子。高对比度使得瞳孔定位更加容易。虹膜-瞳孔对比度的计算方法如下。

（1）将虹膜-瞳孔的边界近似为圆形；
（2）通过归一化使虹膜-瞳孔边界圆的半径为1；
（3）选择半径为 0.8 的圆形中所有未受遮挡的像素点作为瞳孔像素，计算这些像素的中值 pupil；

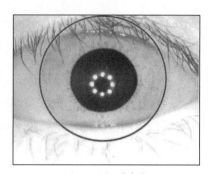

图 6.2　虹膜定位

（4）选择半径为 1.1 的圆形和瞳孔形成的圆环内所有未受遮挡的像素点作为虹膜像素，并计算这些像素的中值 iris。所选取的瞳孔区域和虹膜区域如图 6.3 所示，虹膜-瞳孔对比度 IPC 的计算公式为

$$\text{weber} = \frac{|\text{iris} - \text{pupil}|}{20 + \text{pupil}} \quad (6\text{-}4)$$

$$\text{IPC} = \left(\frac{\text{weber}}{0.75 + \text{weber}} \right) \times 100 \quad (6\text{-}5)$$

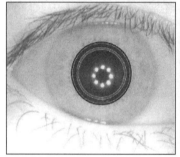
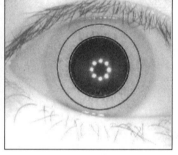

（a）瞳孔区域　　　　　　（b）虹膜区域

图 6.3　瞳孔区域和虹膜区域

5. 虹膜-巩膜对比度

虹膜-巩膜对比度（iris sclera contrast，ISC）过低，将导致虹膜定位出错。首先在巩膜区域中选择固定大小的区域，如图 6.4 所示，然后通过计算该区域像素的中值 sclera 来计算虹膜-巩膜对比度 ISC，计算公式为

$$\text{ISC} = \begin{cases} \dfrac{|\text{sclera} - \text{iris}|}{\text{sclera} + \text{iris} - 2 \times \text{pupil}} \times 100, & \text{pupil} \leqslant \text{iris} \\ 0, & \text{else} \end{cases} \quad (6\text{-}6)$$

式中，iris 为虹膜像素中值；pupil 为瞳孔像素中值。

6. 瞳孔扩张性

瞳孔扩张性（pupil iris rate，PIR）定义为瞳孔半径和虹膜半径的比值，其表达式为

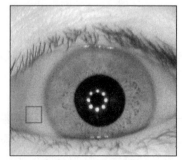

图 6.4　巩膜区域

嵌入式人工智能开发与实践

$$\text{PIR} = \frac{R_{\text{pupil}}}{R_{\text{iris}}} \tag{6-7}$$

式中，R_{pupil}、R_{iris} 分别为瞳孔、虹膜的半径。

每个人虹膜的半径是固定的，但是瞳孔会受到外界或自身因素的影响而发生收缩或扩张。PIR 越小，说明瞳孔的收缩程度越严重，虹膜区域也就越大，提供的虹膜信息量也会更多，反之则会更少。图 6.5 所示为不同瞳孔扩张性下的虹膜图像。

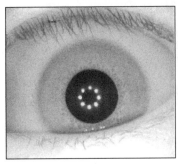 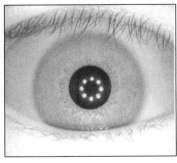

（a）PIR = 47　　　　　　　　（b）PIR = 38

图 6.5　不同瞳孔扩张性下的虹膜图像

7．灰度利用率

虹膜图像信息中一般会含有噪声与畸变，如采集过程中光照不均匀，就会造成虹膜图像的灰度过于集中，另外虹膜图像经过 A/D 转换还会产生噪声污染等，这些都会影响虹膜图像的清晰度，从而降低虹膜图像的质量。通过计算虹膜图像的灰度利用率（grey scale utilization，GSU）可以有效地评估虹膜区域亮度的分布。对于图像中虹膜区域的每个灰度等级 i，先计算其出现的概率 p_i，再根据式（6-8）计算灰度直方图的熵。

$$\text{GSU} = -\sum_i p_i \log_2 p_i \tag{6-8}$$

6.1.2　虹膜图像质量评估的 C++实现

由于虹膜图像质量评估依赖 cinet 粗定位和精确定位结果，因此本例无须新建项目，可在 iris_segment 项目上进行扩展。

虹膜图像质量评估的 C++实现

1．在 iris_segment 目录下新建两个文件

（1）iris_quality_assess.h 文件。该文件包含质量评估类的接口定义，且需包含 image_result.h 文件，关键代码如下。

```
1.  #include "image_result.h"
2.  class quality_assess
3.  {
4.  public:
5.      quality_assess ();
6.      virtual ~quality_assess();
7.      virtual int iris_quality_assess (cv::Mat& input_img, CIBox& eye_ret,
    segment_result& segment_ret);
8.  private:
```

```cpp
9.          class Impl;
10.         Impl* quality_assess_impl;
11.     };
```

（2）iris_quality_assess.cpp 文件。该文件实现了质量评估各类的功能，关键代码如下。

```cpp
1.  int quality_assess::Impl::iris_quality_assess(cv::Mat& input_img, CIBox& eye_ret, segment_result& segment_ret)
2.  {
3.      int iris_visibility_area = cv::countNonZero(segment_ret.roi_img);
4.      if(segment_ret.iris_circle.radius > 0)
5.          segment_ret.iso_quality.IrisVisibility = iris_visibility_area / (PI * (segment_ret.iris_circle.radius * segment_ret.iris_circle.radius
6.              - segment_ret.pupil_circle.radius * segment_ret.pupil_circle.radius));
7.      if(segment_ret.iso_quality.IrisVisibility > 1.0f)segment_ret.iso_quality.IrisVisibility = 1.0f;
8.      else if(segment_ret.iso_quality.IrisVisibility < 0)segment_ret.iso_quality.IrisVisibility = 0.0f;
9.      //虹膜有效区域
10.     segment_ret.iso_quality.IrisVisibility *= 100.0f;
11.     //虹膜半径
12.     segment_ret.iso_quality.IrisRadius = segment_ret.iris_circle.radius;
13.     //瞳孔扩张性
14.     if(segment_ret.iris_circle.radius > 0){
15.         segment_ret.iso_quality.PupilIrisDiameterRatio = ((double)segment_ret.pupil_circle.radius / segment_ret.iris_circle.radius) * 100.0f;
16.     }
17.     //虹膜-瞳孔对比度
18.     //省略获取瞳孔和虹膜灰度中值的代码
19.     double weber_ratio = abs(iris_mid_value - pupil_mid_value) / (20 + pupil_mid_value);
20.     segment_ret.iso_quality.IrisPupilContrast = 100.0 * weber_ratio / (0.75 + weber_ratio);
21.     //虹膜-巩膜对比度
22.     //省略获取巩膜和虹膜灰度中值的代码
23.     if (pupil_mid_value > iris_mid_value)
24.         segment_ret.iso_quality.ScleraIrisContrast = 0.0;
25.     else {
26.         segment_ret.iso_quality.ScleraIrisContrast = 100.0 * abs(sclera_mid_value - iris_mid_value) / (sclera_mid_value + iris_mid_value - 2 *
27.             pupil_mid_value);
28.         double val = segment_ret.iso_quality.ScleraIrisContrast * segment_ret.iso_quality.ScleraIrisContrast;
29.         segment_ret.iso_quality.ScleraIrisContrast = (val) / (val + SCLERAIRISCONTRAST_FOR50PERCENT * SCLERAIRISCONTRAST_FOR50PERCENT);
30.         segment_ret.iso_quality.ScleraIrisContrast = segment_ret.iso_quality.ScleraIrisContrast * 100.0f;
31.     }
32.     //计算灰度利用率，hist 为求取的图像灰度直方图，代码省略
33.     double scale_utilization = 0.0;
34.     if(sum > 0){
35.         for(int i = 0; i < bins; ++i){
36.             float bin_val = hist.at<float>(i);
37.             if(bin_val > 0){
38.                 bin_val = hist.at<float>(i) / sum;
```

```
39.                scale_utilization = scale_utilization - (bin_val * (log(bin_
   val) / log(2.0)));
40.            }
41.        }
42.        segment_ret.iso_quality.GreyScaleUtilisation = scale_utilization;
43.    }
44.    else{
45.        segment_ret.iso_quality.GreyScaleUtilisation = 0;
46.    }
47.    //计算图像清晰度，pndst 中保存了通过 8x8 的卷积核提取的虹膜有效区域的高频能量值
48.    float quality_score = 0.0f;
49.    for (i = 0; i < edge_img.rows - 7; i += 2) {
50.        pndst = edge_img.ptr<int>(i);
51.        for (j = 0; j < edge_img.cols - 7; j += 2) {
52.            quality_score = quality_score + (float)pndst[j];
53.        }
54.    }
55.    if (filter_count > 0)
56.        quality_score = quality_score / filter_count;
57.    else
58.        quality_score = 0;
59.    segment_ret.iso_quality.IrisFocus = (quality_score * quality_score) /
   (quality_score * quality_score + IRISFOCUSVALUE_FOR50PERCENT * IRISFOCUSVALUE_
   FOR50PERCENT);
60.    segment_ret.iso_quality.IrisFocus = segment_ret.iso_quality.IrisFocus *
   100.0f;
61.    segment_ret.iso_quality.Quality = segment_ret.iso_quality.IrisFocus;
62.    return S_OK;
63. }
```

2．在 main.cpp 文件中添加 iris_quality_assess 类的调用代码

在 main.cpp 中包含 iris_quality_assess.h 文件，并在精确定位函数 segment.detect(original_img, boxes[i], result)之后，添加如下关键代码。

```
1. #include "iris_quality_assess.h"
2. //以下代码添加在 segment.detect(original_img, boxes[i], result)之后
3. ret = assess.iris_quality_assess(original_img, boxes[i], result);
4. printf("IrisFocus = %f\n", result.iso_quality.IrisFocus);
5. printf("IrisVisibility = %f\n", result.iso_quality.IrisVisibility);
```

3．C++编译及运行

（1）更新 5.4.2 节中的 CMakeLists.txt 文件，用于编译 C/C++程序，更新部分代码如下，其他代码不变。

```
1. set( SRCS ${CMAKE_CURRENT_SOURCE_DIR}/cinet_tengine.cpp
2.       ${CMAKE_CURRENT_SOURCE_DIR}/image_result.cpp
3.       ${CMAKE_CURRENT_SOURCE_DIR}/iris_segment.cpp
4.       ${CMAKE_CURRENT_SOURCE_DIR}/normalization.cpp
5.       ${CMAKE_CURRENT_SOURCE_DIR}/iris_quality_assess.cpp
6.       ${CMAKE_CURRENT_SOURCE_DIR}/main.cpp)
```

（2）按 5.4.2 节的相同方式进行编译。

（3）运行程序，执行命令"./iris_segment -i image_file -d display"，显示的质量评估

结果如下所示。

```
./iris_segment -i ../iris.bmp -d 1
tengine version = 1.2-dev
create_session: 27.027ms
detect: 13.11ms
box size =1
[0]=200:422:132:352
pupil = 38, iris = 94
IrisFocus = 86.081657
IrisVisibility = 85.296028
```

6.1.3 虹膜图像质量评估的 Python 实现

本节将在 5.4.3 节的基础上封装 iris_quality_assess 类，实现在 Python 环境下对该类的调用。

虹膜图像质量评估的 Python 实现

1. 在 pyeaidk 目录下的 eaidk.cpp 文件中添加 iris_quality_assess 类的封装

定义图像质量评估需要用到的 Python 类，代码如下。

```
1.    #include "../iris_segment/iris_quality_assess.h"
2.    //虹膜图像质量评估类
3.    py::class_<quality_assess>(m, "quality_assess")
4.        .def(py::init<>())
5.        .def("iris_quality_assess", (int (quality_assess::*)(cv::Mat&, CIBox&,
            segment_result&)) & quality_assess::iris_quality_assess, py::arg("input_img"),py::
            arg("eye_ret"), py::arg("segment_ret"), py::call_guard<py::gil_scoped_release>())
6.        ;
```

2. 编写 CMakeLists.txt 编译脚本文件

只需修改 pybind11_add_module() 脚本函数，添加质量评估涉及的 .cpp 文件，代码如下。

```
1.    pybind11_add_module(${CMAKE_PROJECT_NAME} eaidk.cpp ../cinet/cinet_tengine.cpp
      ../iris_segment/image_result.cpp ../iris_segment/iris_segment.cpp  ../iris_
      segment/normalization.cpp ../iris_segment/iris_quality_assess.cpp)
```

3. 进入 eaidk.cpp 和 CMakeLists.txt 所在目录进行编译

编译成功后，进入 Python 环境，测试精确定位和质量评估函数的调用功能，结果如下。

```
[openailab@localhost pyeaidk]$ python3
Python 3.6.5 (default, Mar 29 2018, 17:45:40)
[GCC 8.0.1 20180317 (Red Hat 8.0.1-0.19)] on linux s
Type "help", "copyright", "credits" or "license" for more information.
>>> import pyeaidk as ai
>>> segment = ai.iris_segment()
>>> assess = ai.quality_assess()
```

函数能正常调用，说明代码成功编译。

4. quality_assess 类的 Python 接口调用示例

在 eaidk.cpython-36m-aarch64-linux-gnu.so 所在目录下的 iris_segment_normal.py 文件中

添加 quality_assess 的调用，代码如下（在 5.2.9 节代码的基础上修改，其中 eyes 为粗定位后的检测结果）。

```
1.   segment = ai.iris_segment()
2.   assess = ai.quality_assess()
3.   result = ai.segment_result()
4.   for eye in eyes:
5.       eye.x1 = eye.x1 * scale
6.       eye.y1 = eye.y1 * scale
7.       eye.x2 = eye.x2 * scale
8.       eye.y2 = eye.y2 * scale
9.       eye.key_point = eye.key_point * scale
10.      #执行精确定位函数
11.      ret = segment.detect(original_img, eye, result)
12.      print(result.pupil_circle.radius, result.iris_circle.radius)
13.      if ret == 0:
14.          #质量评估
15.          ret = assess.iris_quality_assess(original_img, eye, result)
16.          print("IrisFocus = %f" %(result.iso_quality.IrisFocus))
17.          print("IrisVisibility = %f" % (result.iso_quality.IrisVisibility))
```

进入命令行终端，执行该 Python 脚本，脚本执行后会显示质量评估结果，如下所示。

```
[openailab@localhost pyeaidk]$ python3 iris_segment_normal.py P20.bmp
43 115
IrisFocus = 92.658768
IrisVisibility = 85.694084
```

复习思考题

（1）为什么要对虹膜图像进行质量评估？
（2）虹膜图像的质量指标主要有哪些？如何实现虹膜图像的质量评估？

6.2 虹膜图像特征提取与匹配

本节分别介绍虹膜图像特征提取与匹配的基本原理、应用与实现。

6.2.1 虹膜图像特征提取算法

虹膜图像特征提取是基于虹膜丰富的纹理，从分割出的虹膜图像上提取特征编码的过程。其本质是通过有效的算法把虹膜纹理变换为方便匹配的特征向量，从而利用相似性度量函数计算两个待匹配特征向量的相似性分数，根据相似性分数来判断是否是同样的虹膜纹理。目前主流的特征提取算法有二值相位编码算法，它是通过 Gabor、Log-Gabor 等算子对归一化后的虹膜图像进行卷积滤波。其中 Gabor 算子把虹膜图像看成是凹凸起伏的二维纹理信息，在频域中的不同尺度和方向上具有区分性很强的特征可供提取匹配；而 Log-Gabor 算子把虹膜图像看成是沿着虹膜圆周的一维纹理信息，该算子利用了人类的视觉系统具有对数性质的非线性，其在对数尺度上具有高斯形状的分布，且不存在直流分量，不容易受到虹膜图像中不同亮度光照的影响。在通过 Gabor 或 Log-Gabor 算子卷积滤波后，对卷积滤波结果进一步分析处理，依据滤波后得到的复数中的实部和虚部符号进行特征编码，即二值相位编码。该算法将滤波后的每个复数像素值的实部和虚部相位进行编码，如图 6.6 所示。

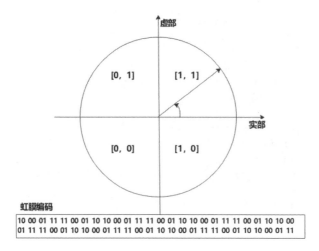

图 6.6　二值相位编码示意图

当实部和虚部均为正时，量化值为 11；实部为正，虚部为负时，量化值为 10；实部为负，虚部为正时，量化值为 01；实部和虚部均为负时，量化值为 00。每个像素将对应四种相位编码中的一种：[1,1]、[0,1]、[0,0]、[1,0]。将所有像素的相位编码组成一定长度的特征向量，从而得到虹膜特征编码，即可通过后续相似性度量函数进行特征匹配。

近些年来，基于深度学习的虹膜特征提取算法表现出了比传统算法更好的性能，使用卷积神经网络提取的通用描述符能够更好地表达复杂的图像特征，如 DeepIrisNet2、DenseNet 等具有较高准确率的、基于残差网络、主干网络的编码方法，适应边缘计算设备的、基于 MobileNet 主干网络的轻量型编码方法。

本例设计并开发了新的虹膜特征编码方法——IrisCodeNet 网络，该网络以 MobileNet 为主干网络，使用 ArcFace Loss 作为损失函数。IrisCodeNet 虹膜特征编码流程如图 6.7 所示，网络的输入是经过预处理的虹膜图像；虹膜图像编码阶段，整个网络可看作特征提取器，输入虹膜图像，从网络的全连接层输出 N 维向量，作为最终的虹膜特征编码，即特征向量；身份验证或识别阶段，计算两个向量的相似度分数，根据阈值，确定两个向量是否来自同一虹膜。

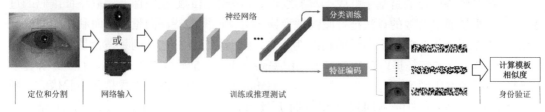

图 6.7　IrisCodeNet 虹膜特征编码流程

网络的输入图像为归一化的虹膜图像。归一化是指将分割出的虹膜区域图像从直角坐标映射到极坐标，归一化可以将沿瞳孔放射状分布的虹膜纹理变换为纵向分布，从而有效减小瞳孔缩放带来的纹理畸变影响。经过实验，发现最优的归一化尺寸为 224×56，此时最简单的处理方式是将图像从长边中点处截断，一分为二，再将两段上下拼接为 112×112 的图像输入网络，如图 6.8 所示。

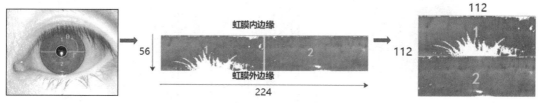

图 6.8　虹膜归一化和尺寸截断与拼接

IrisCodeNet 各层细节如表 6.1 所示。

表 6.1　IrisCodeNet 各层细节

名称	输入	操作类型	通道数	重复个数	步长
CONV0	$112^2 \times 3$	conv3×3	64	1	2
DPConv	$56^2 \times 64$	depthwise conv3×3	64	1	1
CONV1	$56^2 \times 64$	bottleneck	64	5	2
CONV2	$28^2 \times 64$	bottleneck	128	1	2
CONV3	$14^2 \times 128$	bottleneck	128	6	1
CONV4	$14^2 \times 128$	bottleneck	128	1	2
CONV5	$7^2 \times 128$	bottleneck	128	2	1
CONV6	$7^2 \times 128$	conv1×1	512	1	1
GDConv	$7^2 \times 512$	linear GDConv7×7	512	1	1
LINEAR	$1^2 \times 512$	linear conv1×1	512	1	1

IrisCodeNet 使用改进的 bottleneck 残差块，如图 6.9 所示。经典 bottleneck 残差块中使用的激活函数 ReLu 仅允许正值通过，丢弃全部负值，以防止过拟合，但考虑到虹膜丰富且细致的纹理，将激活函数改进为 PReLu。PReLu 轻微允许负值通过，从而保证纹理信息被充分利用。此处，为加速网络收敛，将 bottleneck 中 BN 层增加到 3 个。

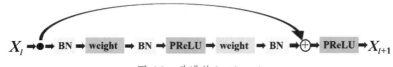

图 6.9　改进的 bottleneck

DPConv 即深度可分离卷积（depthwise convolution），将卷积分两步进行，可有效减少参数量。

GDConv 即全局深度可分离卷积（global depthwise convolution）。神经网络在 CONV6 层生成 512 个 7×7 的特征图，如图 6.10 所示。接下来需要对所有特征图采样得到 512 个 1×1 的特征值，即最终的 512 维特征向量。MobileNet2 等轻量型网络对特征图采样时均使用全局平均池化，即对每个特征图的 49 个数值取平均数，这意味着特征图里的每一个数均被赋予了同样的权重，这并不适合虹膜图像纹理分布特点——虹膜纹理集中分布在整幅图像的中心。图 6.10 中"感受野 1"显然比"感受野 2"包含更多的纹理信息，它们被赋予的权重应是不同的。全局深度可分离卷积等同于使用 7×7 的卷积大核进行全卷积，可为特征图分配不同权重，有效避免了因池化而忽略重要特征。

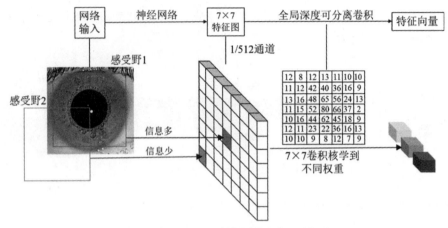

图 6.10　GDConv 对特征图赋予不同权重

最后的 LINEAR 层用于特征整合和灵活选择输出的特征向量的维度。在编码阶段,从本层输出 512 维特征向量。图 6.11 是对应表 6.1 的网络结构图。

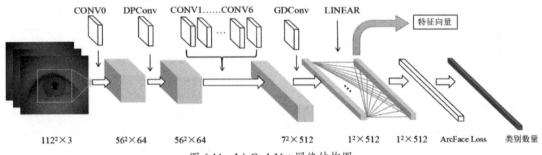

图 6.11　IrisCodeNet 网络结构图

图 6.10 和图 6.11 中的网络输入图像仅为示意,网络的实际输入为经过特殊归一化后的图像,定义为 normalization 图像,如图 6.12 所示。

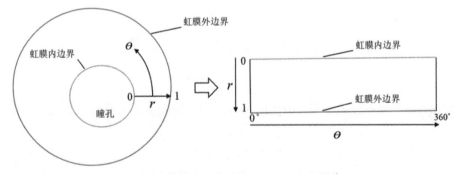

图 6.12　特殊归一化后的 normalization 图像

如图 6.13 所示,为适应网络输入,从 0° 开始按逆时针方向将虹膜归一化为 224×56 的图像,再将图像沿长边中点截断,并拼接为 112×112 的图像。DeepIrisNet2 采用的这种归一化拼接方式称作 normalization-1。这种拼接方式有明显缺陷:拼接后下半部分的虹膜纹理分布在整幅图像中心,但是靠近瞳孔边缘,即上半部分的丰富纹理分布在整幅图像的上边缘,图像中央的半椭圆白色区域,即掩码部分容易因眼睛张合程度而变化,干扰中心区域的编码。为使虹膜纹理集中于图像中心，减弱掩码变化带来的影响，提出特殊的归一化拼接方式，如图 6.14 所示，归一化起始角度从 90° 开始，沿长边截断后，左半部分旋转 180°，使上下两个部分的丰富纹理集中在图像中心，不重要的掩码区域分布在图像的四个边角。这种特殊的归一化拼接方式称作 normalization-2。6.2.3 节中的代码即使用这种归一化拼接方式，经过 IrisCodeNet 网络推理输出 512 维特征向量，完成虹膜图像的特征提取。

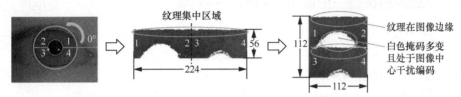

图 6.13　DeepIrisNet2 采用的归一化拼接方式——normalization-1

图 6.14　特殊的归一化拼接方式——normalization-2

6.2.2　虹膜图像特征匹配算法

虹膜图像经过特征编码以后，特征向量会储存为模板保存至模板库，这就是用户虹膜信息注册的过程。而虹膜特征匹配是将新采集的虹膜进行特征编码后，和模板库中的模板进行一一比对的过程。每次匹配中通过计算两个特征向量的相似性，再根据一定阈值，判定二者是否是同一虹膜。其中，向量的相似性可通过海明距离、余弦相似度、欧氏距离等来度量。

通过 Gabor 或 Log-Gabor 算子编码的特征向量常使用海明距离作为相似性度量函数。海明距离常用来衡量两个二进制向量间的差异，由两个向量所有对应二进制位的异或之和求得。掩码模板用于在计算中排除噪声区域，防止人为或自然因素的影响，如眼睑、睫毛、光斑等，只有在掩码模板中值为 1 的位，在对应模板中才能用于计算海明距离。由于模板是二进制的，所以海明距离的匹配速度较快，适合以百万计的大型数据库中的模板比对。假定 A 与 B 是两个虹膜特征向量模板，长度为 N，海明距离表示如下。

$$HD = \frac{\|(code_A \otimes code_B) \cap mask_A \cap mask_B\|}{\|mask_A \cap mask_B\|} \qquad (6-9)$$

式中，code 表示虹膜模板，mask 表示掩码模板，分母为两掩码的与运算，范数 $\|\ \|$ 表示统计所有值为 1 的位数，$\otimes$ 表示异或运算，仅在两个模板对应位不同时才为 1，计算出的距离 HD 越小，表明这两个模板的匹配度越高，是同一虹膜的概率也就越高。

6.2.1 节中基于深度学习技术的虹膜特征编码网络 IrisCodeNet 输出的 512 维虹膜图像特征向量，将使用余弦距离作为相似性度量函数，即通过计算两个浮点向量间的夹角余弦值度量二者的相似性：两个向量越相似，夹角越小，余弦值越大，大于设定阈值时，可判定二者属同一类，否则为不同类。假定 $A = (a_1, a_2, \cdots, a_n)$ 和 $B = (b_1, b_2, \cdots, b_n)$ 是两个 n 维向量，θ 为二者的夹角，则 A 与 B 的夹角余弦值如下。

$$\cos\theta = \frac{\sum_{i=1}^{n}(a_i \times b_i)}{\sqrt{\sum_{i=1}^{n}(a_i)^2} \times \sqrt{\sum_{i=1}^{n}(b_i)^2}} = \frac{\boldsymbol{A} \cdot \boldsymbol{B}}{|\boldsymbol{A}| \times |\boldsymbol{B}|} \qquad (6\text{-}10)$$

6.2.3 虹膜图像特征提取与匹配的 C++实现

虹膜图像特征提取与匹配的 C++实现

由于虹膜图像特征提取依赖 cinet 粗定位和精确定位的结果,因此本节将在 iris_segment 项目的基础上,创建 iris_code_net 项目,实现特征提取和特征匹配(包括1:1匹配和1:N匹配)。

(1)创建名称为 iris_code_net 的项目,在工作空间目录下创建 iris_code_net 目录。

(2)在 iris_code_net 目录下新建 model 目录,将 Tengine 模型文件复制至该目录。

(3)在 iris_code_net 目录下新建文件 iris_code_net.h、iris_code_net_tengine.cpp 和 main.cpp,代码如下。

1. iris_code_net.h 文件

该文件包含了 iris_code_net 网络的特征提取与匹配类的接口定义,关键代码如下。

```cpp
1.    //支持多线程安全调用
2.    class iris_code_net
3.    {
4.    public:
5.        iris_code_net();
6.        ~iris_code_net();
7.        //加载 Tengine 模型
8.        int init(const char* model_file);
9.        //创建推理实例,一个线程对应一个 session
10.       int create_session();
11.       //释放推理实例
12.       int release_session(int session);
13.       //输入归一化图像,生成特征编码
14.       int encode(int session, cv::Mat& norm_img, float* iris_feature, int feature_length);
15.       //特征编码匹配, 1:1 匹配
16.       int match(int session, const float* iris_feature1, const float* iris_feature2, int feature_length, float& score);
17.       //特征编码匹配, 1:N 匹配
18.       int identify_match(int session, const float* iris_feature, int feature_length, const float* candidate_list, int list_count, float& score, unsigned int& candidate_id);
19.       //释放资源
20.       int release();
21.       //获取算法版本
22.       int get_version(char* version);
23.   };
```

2. iris_code_net_tengine.cpp 文件

该文件实现了 iris_code_net 网络的特征提取与匹配类的各种功能。

（1）创建推理实例，一个线程对应一个 session，关键代码如下。

```
1.  #define IRIS_CODE_NET_WIDTH       112
2.  #define IRIS_CODE_NET_HEIGHT      112
3.  int iris_code_net::create_session()
4.  {
5.      return _impl->create_session();
6.  }
7.  int iris_code_net::Impl::create_session()
8.  {
9.      session_ctx ctx;
10.     if (sessions_.size() > 0)
11.         ctx.id = sessions_.back().id + 1;
12.     else
13.         ctx.id = 0;
14.     //设置 tengine runtime 参数
15.     struct options opt;
16.     opt.num_thread = 1;
17.     opt.cluster = TENGINE_CLUSTER_ALL;
18.     opt.precision = TENGINE_MODE_FP32;
19.     opt.affinity = 255;
20.     //创建 graph
21.     ctx.session_ = create_graph(nullptr, "tengine", model_files[0].c_str());
22.     int dims[] = { 1, 3, IRIS_CODE_NET_HEIGHT, IRIS_CODE_NET_WIDTH };
23.     //获取 iris_code_net 输入张量
24.     ctx.input_tensor_ = get_graph_tensor(ctx.session_, "input");
25.     ctx.output_iris_code = get_graph_tensor(ctx.session_, "output");
26.     set_tensor_shape(ctx.input_tensor_, dims, 4);
27.     //graph 预运行
28.     prerun_graph_multithread(ctx.session_, opt);
29.     //保存创建的 session
30.     sessions_.push_back(ctx);
31.     return ctx.id;
32. }
```

（2）输入归一化图像，生成特征向量，关键代码如下。

```
1.  void iris_code_net::Impl::preprocess_img(cv::Mat &img, int input_img_width,
    int input_img_height, cv::Mat &input_img)
2.  {
3.      input_img = cv::Mat::zeros(input_img_height, input_img_width, CV_8UC1);
4.      cv::Mat flip_img;
5.      cv::flip(img(cv::Rect(0, 0, input_img_width, input_img_height / 2)),
        flip_img, -1);
6.      flip_img.copyTo(input_img(cv::Rect(0, 0, input_img_width, input_img_
        height / 2)));
7.      img(cv::Rect(input_img_width, 0, input_img_width, input_img_height / 2)).
        copyTo(input_img(cv::Rect(0, input_img_height / 2, input_img_width, input_img_
        height / 2)));
8.  }
```

◆ preprocess_img()函数可将 5.4.2 节中归一化的虹膜图像按 normalization-2 拼接方式转换，并将其输入网络进行推理。

```
1.  int iris_code_net::encode(int session, cv::Mat& norm_img, float* iris_feature,
    int feature_length)
2.  {
3.      return _impl->encode(session, norm_img, iris_feature, feature_length);
```

```cpp
4.     }
5.     int iris_code_net::Impl::encode(int session, cv::Mat& norm_img, float* iris_feature, int feature_length) {
6.         cv::Mat img_resized;
7.         //此处省略代码：通过session从sessions_容器中获取session_、input_tensor和output_iris_code指针
8.         float* input_data = nullptr;
9.         // image prepocess
10.        cv::Mat input_img;
11.        preprocess_img(norm_img, IRIS_CODE_NET_WIDTH, IRIS_CODE_NET_HEIGHT, input_img);
12.        //输入图像需为3通道
13.        if (input_img.channels() == 1) {
14.            cv::cvtColor(input_img, img_resized, CV_GRAY2BGR);
15.        }
16.        else {
17.            img_resized = input_img;
18.        }
19.        //图像预处理归一化
20.        img_resized.convertTo(input_img, CV_32FC3);
21.        img_resized = (input_img - 127.5f) * (1.0f / 127.5f);
22.        //图像通道变换，从hwc格式转换为chw(caffe或tengine数据输入格式)
23.        int scale_height = img_resized.rows;
24.        int scale_width = img_resized.cols;
25.        int dims[] = { 1,3,scale_height,scale_width };
26.        set_tensor_shape(input_tensor_, dims, 4);
27.        int in_mem = sizeof(float) * scale_height * scale_width * 3;
28.        input_data = (float*)malloc(in_mem);
29.        //3通道分离，NHWC格式变换为NCHW格式
30.        std::vector<cv::Mat> input_channels;
31.        float* data_src = input_data;
32.        for (int c = 0; c < img_resized.channels(); ++c) {
33.            cv::Mat channel(scale_height, scale_width, CV_32FC1, data_src);
34.            input_channels.push_back(channel);
35.            data_src += scale_width * scale_height;
36.        }
37.        cv::split(img_resized, input_channels);
38.        set_tensor_buffer(input_tensor_, input_data, in_mem);
39.    //Image Inference
40.        //执行iris_code_net
41.        run_graph(session_, 1);
42.        free(input_data);
43.        //postprocess
44.        float* code_data = (float *)get_tensor_buffer(output_iris_code);
45.        memcpy(iris_feature, code_data, feature_length * sizeof(float));
46.        return 0;
47.    }
```

（3）特征向量1:1匹配，关键代码如下。

```cpp
1.    int iris_code_net::Impl::match(int session, const float* iris_feature1, const float* iris_feature2, int feature_length, float& score)
2.    {
3.        float f1 = sqrt(tensor_dot(iris_feature1, iris_feature1, feature_length));
4.        float f2 = sqrt(tensor_dot(iris_feature2, iris_feature2, feature_length));
5.        if (f1 == 0.0f || f2 == 0.0f)
6.            score = 0.0f;
7.        else
8.            score = tensor_dot(iris_feature1, iris_feature2, feature_length) /
```

```cpp
            (f1 *f2);
9.      return 0;
10.  }
11.  float iris_code_net::Impl::tensor_dot(const float* x, const float* y, const long& len) {
12.      float inner_prod = 0.0f;
13.      for (long i = 0; i< len; ++i) {
14.          inner_prod += x[i] * y[i];
15.      }
16.      return inner_prod;
17.  }
```

（4）特征向量 1 : N 匹配。找到匹配结果最优（值最大）的一组特征向量，将其对应的序号和匹配结果返回，关键代码如下。

```cpp
1.   int iris_code_net::Impl::identify_match(int session, const float* iris_feature,
        int feature_length, const float* candidate_list, int list_count, float& score,
        unsigned int& candidate_id)
2.   {
3.       float* gallery = (float*)candidate_list;
4.       float max_score = 0.0f;
5.       int max_id = -1;
6.       float f1 = sqrt(tensor_dot(iris_feature, iris_feature, feature_length));
7.       for (int k = 0; k < list_count; ++k) {
8.           float result = 0.0f;
9.           float* p = gallery + k * feature_length;
10.          float f2 = sqrt(tensor_dot(p, p, feature_length));
11.          if (f2 == 0.0f)
12.              result = 0.0f;
13.          else
14.              result = tensor_dot(iris_feature, p, feature_length) / (f1 *f2);
15.          if (result > max_score) {
16.              max_score = result;
17.              max_id = k;
18.          }
19.      }
20.      score = max_score;
21.      candidate_id = max_id;
22.      return 0;
23.  }
```

3. 在 main.cpp 文件中添加 iris_code_net 类的调用代码

在 main.cpp 中包含 iris_code_net.h 文件，需先利用 6.3 节中的虹膜图像预处理功能将输入的原始虹膜图像转换为所需的归一化图像，或者事先准备好一系列归一化图像，再利用 iris_code_net 类生成特征编码，进行特征匹配，关键代码如下。

```cpp
1.   int main(int argc, char **argv)
2.   {
3.       std::string image_file1, image_file2;
4.       iris_code_net code_net;
5.       code_net.init("../model/iris_code_net_5.tmfile");
6.       int session = code_net.create_session();
7.       cv::Mat m1 = cv::imread(image_file1, cv::IMREAD_GRAYSCALE);
8.       cv::Mat m2 = cv::imread(image_file2, cv::IMREAD_GRAYSCALE);
9.       float code1[512], code2[512];
10.      code_net.encode(session, m1, code1, 512);
11.      code_net.encode(session, m2, code2, 512);
12.      float sim = 0.0f;
```

```
13.         code_net.match(session, code1, code2, 512, sim);
14.         fprintf(stderr, "code_net %f\n", sim);
15.     code_net.release_session(session);
16.     code_net.release();
17.     return 0;
18. }
```

4．C++编译及运行

（1）编写 CMakeLists.txt 文件，用于编译 C/C++程序，将其置于代码同一目录下，关键代码如下。

```
1.  # 定义项目名称
2.  project(iris_code_net)
3.  set( USE_LIBS tengine-lite )
4.  set( SRCS ${CMAKE_CURRENT_SOURCE_DIR}/iris_code_net_tengine.cpp ${CMAKE_CURRENT_SOURCE_DIR}/main.cpp)
5.  # 添加编译源码，编译 iris_code_net
6.  add_executable(${CMAKE_PROJECT_NAME} ${SRCS})
7.  # 链接 OpenCV 和 Tengine 库
8.  target_link_libraries(${CMAKE_PROJECT_NAME} ${USE_LIBS} ${OpenCV_LIBS} -lpthread)
```

（2）在 iris_code_net 目录下新建 build 目录，进入 build 目录进行编译。
（3）运行程序，输出虹膜特征编码时间和匹配相似性分数，结果如下。

```
[openailab@localhost build]$./iris_code_net -i ../iris_normal.bmp ../iris_normal.bmp
tengine version = 1.2-dev
create_session: 18.097ms
inferencetime: 59.143ms
inferencetime: 52.372ms
code_net 1.000000
0.116805 seconds
```

其中，iris_normal.bmp 为经精确定位及归一化后保存的归一化图像，大小为 224×56。

可见，该网络的平均推理时间约为 52ms，属轻量型网络，速度较快；两幅相同图像的匹配相似度分数为 1.0，是最高的相似度分数。

6.2.4 虹膜图像特征提取与匹配的 Python 实现

本节将在 6.1.3 节的基础上封装 iris_code_net 类，实现在 Python 环境下对该类的调用。

虹膜图像特征提取与匹配的 Python 实现

1．在 pyeaidk 目录下的 eaidk.cpp 文件中添加 iris_code_net 类的封装

定义虹膜图像特征提取与匹配需要用到的 Python 类，关键代码如下。

```
1.  #include "../iris_code_net/iris_code_net.h"
2.  #define IRISCODENET_LENGTH    512
3.  class UInt {
4.  public:
5.      UInt() {}
6.      UInt(unsigned int v) { value = v; }
7.      unsigned int value;
8.  };
```

```cpp
9.    class Float {
10.   public:
11.       Float() {}
12.       Float(float v) { value = v; }
13.       float value;
14.   };
15.   //特征编码类
16.   class iris_code {
17.   public:
18.       iris_code() {}
19.       float value[IRISCODENET_LENGTH];
20.   };
21.   py::class_<UInt>(m, "UInt")
22.       .def(py::init<>())
23.       .def(py::init<unsigned int>())
24.       .def_readwrite("value", &UInt::value)
25.       ;
26.   py::class_<Float>(m, "Float")
27.       .def(py::init<>())
28.       .def(py::init<float>())
29.       .def_readwrite("value", &Float::value)
30.       ;
31.   py::class_<iris_code>(m, "iris_code")
32.       .def(py::init<>())
33.       .def_property("value", [](iris_code &m) {
34.       return py::array_t<float>(IRISCODENET_LENGTH, m.value); },
35.           [](iris_code &m, py::array_t<float> v) {
36.           py::buffer_info buf = v.request();
37.           float *ptr = static_cast<float *>(buf.ptr);
38.           memcpy(m.value, ptr, buf.size * sizeof(float));
39.       })
40.       ;
41.   //虹膜图像特征提取与匹配类
42.   py::class_<iris_code_net>(m, "iris_code_net")
43.       .def(py::init<>())
44.       .def("init", (int (iris_code_net::*)(const char*)) & iris_code_net::init, py::arg("model_file"))
45.       .def("create_session", (int (iris_code_net::*)()) & iris_code_net::create_session)
46.       .def("release_session", (int (iris_code_net::*)(int)) & iris_code_net::release_session, py::arg("session"))
47.       .def("release", (int (iris_code_net::*)()) & iris_code_net::release)
48.       .def("encode", [](iris_code_net &m, int session, cv::Mat& norm_img, iris_code& iris_feature, int feature_length) {
49.       return m.encode(session, norm_img, (float*)iris_feature.value, feature_length); }, py::arg("session"), py::arg("norm_img"),
50.           py::arg("iris_feature"), py::arg("feature_length"), py::call_guard<py::gil_scoped_release>())
51.       .def("match", [](iris_code_net &m, int session, iris_code& iris_feature1, iris_code& iris_feature2, int feature_length, Float& score) {
52.       return m.match(session, (float*)iris_feature1.value, (float*)iris_feature2.value, feature_length, score.value);}, py::call_guard<py::gil_scoped_release>())
53.       .def("identify_match", [](iris_code_net &m, int session, iris_code& iris_feature, int feature_length, py::array_t<float>& candidate_list, int list_count, Float& score, UInt& candidate_id) {
54.       return m.identify_match(session, iris_feature.value, feature_length, static_cast<float *>(candidate_list.request().ptr), list_count, score.value, candidate_id.value); })
55.       ;
```

2．编写 CMakeLists.txt 编译脚本文件

只需修改 pybind11_add_module()函数，添加 iris_code_net 类涉及的.cpp 文件，关键代码如下。

```
1.   pybind11_add_module(${CMAKE_PROJECT_NAME} eaidk.cpp ../cinet/cinet_tengine.cpp ../iris_segment/image_result.cpp ../iris_segment/iris_segment.cpp ../iris_segment/normalization.cpp ../iris_segment/iris_quality_assess.cpp ../iris_code_net/iris_code_net_tengine.cpp)
```

3．进入 eaidk.cpp 和 CMakeLists.txt 所在目录进行编译

执行 cmake 和 make 命令后可能会出现如下错误。

```
c++: fatal error: Killed signal terminated program cc1plus
compilation terminated.
make[2]: *** [CMakeFiles/pyeaidk.dir/build.make:479: CMakeFiles/pyeaidk.dir/eaidk.cpp.o] Error 1
make[1]: *** [CMakeFiles/Makefile2:68: CMakeFiles/pyeaidk.dir/all] Error 2
```

出现上述错误的原因是编译所需内存不足。C++编译需要大量内存，可以使用交换分区解决，方法如下。

（1）创建分区文件，如一个大小为 500MB 的交换区。

```
[openailab@localhost pyeaidk]$sudo dd if=/dev/zero of=/swapfile bs=1k count=512000
```

（2）生成 swap 文件系统。

```
[openailab@localhost pyeaidk]$sudo mkswap /swapfile
```

（3）激活 swap 文件。

```
[openailab@localhost pyeaidk]$sudo swapon /swapfile
```

上述命令执行后，再执行 make 命令即可编译成功。之后进入 Python 环境，测试虹膜特征提取与匹配函数的调用功能，结果如下。

```
[openailab@localhost pyeaidk]$ python3
Python 3.6.5 (default, Mar 29 2018, 17:45:40)
[GCC 8.0.1 20180317 (Red Hat 8.0.1-0.19)] on linux  s
Type "help", "copyright", "credits" or "license" for more information.
>>> import pyeaidk as ai
>>> code_net = ai.iris_code_net()
>>> code_net.init("../iris_code_net/model/iris_code_net_5.tmfile")
```

函数能正常调用，说明代码编译成功。

在编译完程序后，可以通过如下命令关闭或删除交换区。

```
[openailab@localhost pyeaidk]$sudo swapoff /swapfile
[openailab@localhost pyeaidk]$sudo rm /swapfile
```

4．iris_code_net 类的 Python 接口调用示例

在 eaidk.cpython-36m-aarch64-linux-gnu.so 所在目录下的 iris_code_net.py 文件中添加 Python 接口调用，关键代码如下。

```
1.   if __name__ == "__main__":
2.       image_file1 = sys.argv[1]
```

```
3.      image_file2 = sys.argv[2]
4.      #打开归一化图像1
5.      m1 = cv2.imread(image_file1, cv2.IMREAD_COLOR)
6.      #打开归一化图像2
7.      m2 = cv2.imread(image_file2, cv2.IMREAD_COLOR)
8.      #创建iris_code_net特征编码模块code_net并进行模型初始化
9.      code_model_path = "../iris_code_net/model/iris_code_net_5.tmfile"
        #模型文件所在路径
10.     code_net = ai.iris_code_net()
11.     code_net.init(code_model_path)
12.     session = code_net.create_session()
13.     #编码
14.     code1 = ai.iris_code()
15.     result = code_net.encode(session, m1, code1, 512)
16.     code2 = ai.iris_code()
17.     result = code_net.encode(session, m2, code2, 512)
18.     score = ai.Float()
19.     code_net.match(session, code1, code2, 512, score)
20.     #释放code_net，一般在全部任务结束后进行释放
21.     code_net.release_session(session);
22.     code_net.release();
```

进入命令行终端，执行上述 Python 脚本，脚本执行后会显示归一化编码与匹配结果，如下所示。

```
[openailab@localhost pyeaidk]$ python3 iris_code_net.py ../iris_code_net/iris_normal.bmp ../iris_code_net/iris_normal.bmp
tengine version = 1.2-dev
create_session: 17.411ms
inferencetime: 59.759ms
inferencetime: 52.553ms
match score = 1.0
```

在 Python 环境下，该网络的平均推理时间约为 53ms，与 C++的推理时间基本相同，说明本书采用的 C++函数转换为 Python 接口的方案具有一定的优势，没有性能方面的影响，而且方案灵活，转换的工作量小，容易理解。

复习思考题

（1）简述虹膜图像特征提取与匹配算法的基本原理。

（2）如何实现虹膜图像的特征提取与匹配？

（3）传统的虹膜图像特征提取方法与基于深度学习的特征提取方法有哪些相同点和不同点？

（4）传统的虹膜图像特征匹配方法与基于深度学习的特征匹配方法有哪些相同点和不同点？

6.3 本章小结

本章主要介绍了虹膜图像质量评估、基于传统方法和深度神经网络的特征提取与匹配算法的原理，以及它们的 C++和 Python 实现方法，特别是基于 Tengine-Lite 推理框架通过 C++实现虹膜归一化图像的特征提取方法。

第 7 章 虹膜图像采集与定位显示

学习目标

（1）了解虹膜图像采集设备 P20 及其作用。
（2）熟练掌握虹膜图像采集的 C++实现方法。
（3）熟练掌握虹膜图像采集与定位显示的 Python 实现。

虹膜图像采集与定位显示是虹膜识别系统中的第一步，同时也是比较困难的步骤。虹膜面积小，而且不同人种的虹膜颜色有很大的差别。亚洲人的虹膜为棕黑色，适宜采用近红外光源照明，而欧洲人的虹膜多为蓝绿色，既可用近红外光照明，也可以用可见光照明。为了统一光源，一般会采用多个波段的近红外光照明，因此普通的摄像头无法采集到可用于识别的高清晰度的虹膜图像。

7.1 虹膜图像采集

选择合适的虹膜图像采集设备，采用对红外光感光能力强的 CMOS 传感器和合适波段的红外灯，才能确保采集到满足要求的包含丰富虹膜纹理的高清晰度的虹膜图像。

7.1.1 虹膜图像采集设备简介

如图 7.1 所示，P20 是一款简单易用的高清晰度双眼虹膜自动采集仪。它采用 USB 2.0 接口与计算机、平板电脑、手机、嵌入式设备（如 EAIDK-310）连接，即插即用；采用 UVC 协议通信，免驱动，因此可以兼容各类主流操作系统平台，如 Windows、Linux、Android、中标麒麟、银河麒麟等。

该设备能够轻松捕捉到清晰的双目虹膜图像，用户只需要靠近设备端，设备将自动打开照明灯，用户双眼注视设备中的镜子，1 秒内即可完成虹膜图像的自动采集。采集过程对人的眼睛无伤害，因此该设备特别适合大批量、集中式、快速虹膜采集及识别，对学生、工人、农民、老人、儿童等群体来说简单、易上手、操作方便。P20 详细规格见表 7.1。

图 7.1　P20 双眼虹膜自动采集仪

表 7.1　P20 详细规格

项目	说明	项目	说明
工作方式	联机模式	产品尺寸	197mm×162mm×68mm
识别方式	双摄双目	虹膜图像	符合国际标准 ISO/IEC 19794-6: 2005
采集方式	自动	照明方式	红外照明符合 IEC/EN 62471 国际安全标准
注册时间	<1s	接口	Micro USB 2.0
识别时间	<0.5s	操作系统	Windows、Linux、Android
精度	FAR<0.00001%, FRR<1%	材质	PC、ABS
工作距离	10～12cm	重量	400g
工作温度	−20～60℃	功耗	<2W
环境光强	适合任何环境	电源	USB 供电

该设备采集的高清虹膜图像样例如图 7.2 所示。

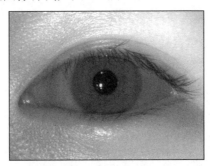

图 7.2　P20 采集的高清虹膜图像样例

7.1.2　虹膜图像采集的 C++实现

虹膜采集设备 P20 是一个标准的 UVC 视频类设备，因此本例基于开源的 UVC 库稍做修改实现 P20 的驱动库 driver，此驱动库不做详细介绍。在该驱动库的基础上，参照 OpenCV 的图像采集接口编写 P20 的虹膜图像采集类 iris_scanner，接口函数清晰，操作简单。然后根据 iris_scanner 类编写虹膜图像采集例程 iris_image_capture。

虹膜图像采集的 C++实现

1．虹膜图像采集类 iris_scanner

（1）iris_scanner 类的定义（iris_scanner.h 文件）。

```
1.   class iris_scanner
2.   {
3.   public:
4.       iris_scanner ();
5.       virtual ~iris_scanner ();
6.       bool open();                                        //打开
7.       bool isOpened() const;                              //判断是否打开
8.       int get_firmware_version(string& version);          //获取固件版本号
9.       void release();                                     //释放资源
10.      iris_scanner& operator >> (CV_OUT Mat& image);      //读取图像
```

```cpp
11.     bool read(CV_OUT Mat& image);//读取图像
12.     bool pause(int stat);           //暂停或恢复预览, stat:1 - 暂停, 0 - 恢复
13.     void close();                   //关闭
14.     int set_exposure(int expo = 0);//设置曝光, expo:0 - 自动曝光, 1~16-手动曝光
15.     int ir_flash(int mode = 1);     //红外灯控制, mode:1 - 打开, 0 - 关闭
16.     int led(int mode = 1);          //照明灯控制, mode:1 - 打开, 0 - 关闭
17.     int beep(int mode = 1);         //扬声器控制
18.     bool set(int propId, int value);            //设置参数
19.     int get(int propId);                        //获取参数
20. };
```

（2）iris_scanner类的实现的关键代码（iris_scanner.cpp 文件）。

```cpp
1.  #define IRIS_IMAGE_RAW_WIDTH          1280
2.  #define IRIS_IMAGE_RAW_HEIGHT         960
3.  #define EYE_COUNT                     2
4.  //打开设备
5.  bool iris_scanner::open()
6.  {
7.      if(g_dev_handler){
8.          release();
9.      }
10.     device dev;
11.     g_dev_handler = g_uvc_driver.driver_open(dev, "");
12.     if (g_dev_handler) {
13.         //获取设备固件版本, T前缀为P20设备
14.         string device_firmware = "";
15.         get_firmware_version(device_firmware);
16.         if ((int) string(device_firmware).find("B") >= 0) {
17.             int value = 1;
18.           g_uvc_driver.driver_set(g_dev_handler, DRIVER_DISTANCE_INT, &value);
19.         }
20.         else {
21.             if ((int) string(device_firmware).find("T") >= 0)
22.                 //打开照明灯
23.             led(1);
24.         }
25.         //打开红外灯
26.         ir_flash(1);
27.         //开启视频流
28.         g_uvc_driver.driver_resume(g_dev_handler);
29.         return true;
30.     }
31.     else
32.         return false;
33. }
34. //关闭设备
35. void iris_scanner::release()
36. {
37.     if (g_dev_handler != NULL) {
38.         //关闭红外灯和照明灯
39.         ir_flash(0);
```

```cpp
40.            led(0);
41.        //关闭采集设备
42.            g_uvc_driver.driver_close(g_dev_handler);
43.            g_dev_handler = NULL;
44.        }
45.    }
46.    //读取图像
47.    bool iris_scanner::read(Mat& image)
48.    {
49.            driver_frame img;
50.            g_uvc_driver.driver_read(g_dev_handler, &img);
51.            if (!img.data.empty()) {
52.                image = img.data;
53.                return true;
54.            }
55.            else
56.                return false;
57.    }
58.    //设置曝光
59.    int iris_scanner::set_exposure(int expo)
60.    {
61.            int ret = 0;
62.            if(expo == 0){
63.                //设备自动曝光
64.                int value = 0x4981;
65.                ret = g_uvc_driver.driver_set(g_dev_handler, DRIVER_EXPOSURE_INT, &value);
66.            }
67.            else{
68.                ret = g_uvc_driver.driver_set(g_dev_handler, DRIVER_EXPOSURE_INT, &expo);
69.            }
70.            return ret;
71.    }
72.    //控制红外灯
73.    int iris_scanner::ir_flash(int mode)
74.    {
75.            int ret = 0;
76.            int value = DRIVER_CTRL2_REG_FLASH_MAN;
77.            if(mode == 0){
78.                //关闭红外灯
79.                ret = g_uvc_driver.driver_set(g_dev_handler, DRIVER_FLASH_INT, &value);
80.            }
81.            else if(mode == 1){
82.                //打开红外灯
83.                value = DRIVER_CTRL2_REG_FLASH_MAN | DRIVER_CTRL2_REG_FLASH_LEFT | DRIVER_CTRL2_REG_FLASH_RIGHT;
84.                ret = g_uvc_driver.driver_set(g_dev_handler, DRIVER_FLASH_INT, &value);
85.            }
86.            return ret;
87.    }
88.    //控制照明灯
89.    int iris_scanner::led(int mode)
90.    {
91.            int ret = 0;
92.            int value = 0;
```

```
93.         if(mode == 0){
94.             //关闭照明灯
95.             ret = g_uvc_driver.driver_set(g_dev_handler, DRIVER_ILLUMINATION_
                INT, &value);
96.         }
97.         else if(mode == 1){
98.             //打开照明灯
99.             value = DRIVER_CTRL2_REG_LAMP_L1 | DRIVER_CTRL2_REG_LAMP_L2;
100.            value |= DRIVER_CTRL2_REG_LAMP_R1 | DRIVER_CTRL2_REG_LAMP_R2;
101.            ret = g_uvc_driver.driver_set(g_dev_handler, DRIVER_ILLUMINATION_
                INT, &value);
102.        }
103.        return ret;
104.    }
105.    //控制扬声器
106.    int iris_scanner::beep(int mode)
107.    {
108.        //扬声器蜂鸣
109.        return g_uvc_driver.driver_set(g_dev_handler, DRIVER_BEEPER_INT, &mode);
110.    }
```

2. 虹膜图像采集项目 iris_image_capture

创建了虹膜图像采集类 iris_scanner 后,即已经拥有了操作虹膜采集设备 P20 的方法,接下来可以建立虹膜图像采集项目 iris_image_capture,流程如下。

(1) 创建名称为 iris_image_capture 的项目,在工作空间目录下创建 iris_image_capture 目录。

(2) 将驱动库 driver、iris_scanner.h 文件和 iris_scanner.cpp 文件复制到 iris_image_capture 目录下。创建 main.cpp 文件,在其中调用 iris_scanner 类,实现对 P20 的控制和图像采集,并将采集到的图像显示在窗体中。

(3) 此时 iris_image_capture 目录中将有驱动库 driver 目录、iris_scanner.h 文件、iris_scanner.cpp 文件、main.cpp 文件,如图 7.3 所示。

图 7.3 iris_image_capture 项目相关文件和目录

(4) main.cpp 文件的关键代码如下。

```
1.  int main(int argc, char *argv[])
2.  {
3.      Mat eye_img[EYE_COUNT];
4.      //定义虹膜采集设备对象 scanner
5.      iris_scanner scanner;
6.      //打开虹膜采集设备
```

```
7.        int result = scanner.open();
8.        //自动曝光
9.        scanner.set_exposure();
10.       if (result) {
11.           int count = 100;
12.           namedWindow("show", CV_WND_PROP_AUTOSIZE);
13.           while(--count){
14.               Mat image;
15.               //读取双眼虹膜图像的原始数据
16.               scanner >> image;
17.               if (!image.empty()) {
18.                   //左右眼图像分离
19.                   Mat split_img = image.reshape(EYE_COUNT, image.rows);
20.                   std::vector<Mat> image_part(split_img.channels());
21.                   cv::split(split_img, image_part);
22.                   //图像缩小并合并显示
23.                   int scale = 3;
24.                   Mat merge_img = Mat(image.rows / scale, image.cols, CV_8UC1, Scalar(0));
25.                   cv::resize(image_part[0], eye_img[0], cv::Size(image_part[0].
                      size().width / scale, image_part[0].size().height / scale));
26.                   cv::resize(image_part[1], eye_img[1], cv::Size(image_part[1].
                      size().width / scale, image_part[1].size().height / scale));
27.                   eye_img[1].copyTo(merge_img(Rect(0, 0, image.cols / scale,
                      image.rows / scale)));
28.                   eye_img[0].copyTo(merge_img(Rect(image.cols / scale, 0, image.
                      cols / scale, image.rows / scale)));
29.                   imshow("show", merge_img);
30.                   char ckey = waitKey(66);
31.               }
32.           }
33.           //扬声器发声
34.           scanner.beep(1);
35.           //关闭虹膜采集设备
36.           scanner.close();
37.       }
38.       return 0;
39.   }
```

（5）编写 CMakeLists.txt 文件，用于编译 C/C++程序，将其置于 main.cpp 同一目录下，主要代码如下。

```
1.   # 定义项目名称
2.   project(iris_image_capture)
3.   # 包含采集设备 P20 驱动库
4.   if (NOT DRIVER)
5.       set(DRIVER uvc)
6.   endif(NOT DRIVER)
7.   include(${CMAKE_CURRENT_SOURCE_DIR}/driver/driver.cmake)
8.   # 搜索 OpenCV 库
9.   find_package(OpenCV QUIET)
10.  if(OpenCV_FOUND)
11.      include_directories(${OpenCV_INCLUDE_DIRS})
12.  # 添加编译源码，${DRIVER_SRC_FILES}为驱动库代码，iris_scanner.cpp 为虹膜图像采集类代码
13.      add_executable(${CMAKE_PROJECT_NAME} ${DRIVER_SRC_FILES} iris_scanner.cpp main.cpp)
```

```
14.        # 链接 OpenCV 库、udev 驱动库
15.        target_link_libraries(${CMAKE_PROJECT_NAME} ${OpenCV_LIBS} pthread udev)
16.    endif()
```

（6）代码编写完毕后，相关的目录及文件结构如图 7.4 所示。

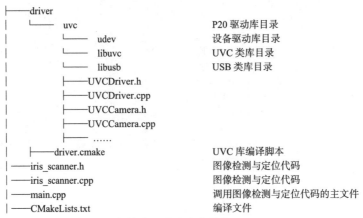

图 7.4 相关的目录及文件结构

（7）在 iris_image_capture 目录下新建 build 目录，进入 build 目录进行编译。
（8）运行程序。
由于该程序涉及虹膜采集设备的硬件操作，需要管理员权限（使用 sudo 命令），因此该程序的运行方式与之前的程序有所不同，命令如下。

```
sudo ./iris_image_capture
```

运行后，可能会出现如下错误提示。

```
[openailab@localhost build]$ sudo ./iris_image_capture
firmware = T1.1.1
QStandardPaths: XDG_RUNTIME_DIR not set, defaulting to '/tmp/runtime-root'
No protocol specified
qt.qpa.screen: QXcbConnection: Could not connect to display :1.0
Could not connect to any X display.
```

由于是以管理员身份操作，无法连接 xserver。该错误与 xhost 命令有关，xhost 命令控制其他用户或者其他 IP 是否可以访问当前用户启动的 xserver。

xhost 命令必须从有显示连接的机器上运行，可通过"xhost+"命令解除其他用户的访问限制，允许任何主机访问本地的 xserver，也可以通过"xhost-"命令打开访问控制，仅允许授权清单中的主机访问本地的 xserver。解除访问限制的命令如下。

```
[openailab@localhost build]$ xhost +
access control disabled, clients can connect from any host
[openailab@localhost build]$
```

然后运行如下命令。

```
sudo ./iris_image_capture
```

虹膜图像采集效果如图 7.5 所示，成功显示图像窗体。

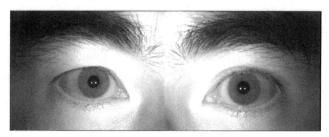

图 7.5　C++环境下虹膜图像采集效果

从 main.cpp 文件的 main()函数可看出，iris_image_capture 项目实现了控制虹膜采集设备 P20 打开、读取和关闭图像等操作，同时也可以单独控制打开和关闭红外灯、照明灯和扬声器蜂鸣，并能将采集到的图像处理后显示在窗体上。

7.1.3　虹膜图像采集的 Python 实现

本节将在第 6 章的基础上封装 iris_scanner 类，实现在 Python 环境下对该类的调用。

1. 在 pyeaidk 目录下的 eaidk.cpp 文件中添加 iris_scanner 类的封装

定义使用 P20 设备进行图像采集需要用到的 Python 类，需在 eaidk.cpp 中包含 iris_scanner.h 文件，代码如下。

```cpp
1.   //P20虹膜图像采集设备类
2.   py::class_<iris_scanner>(m, "iris_scanner")
3.       .def(py::init<>())
4.   //打开
5.       .def("open", (bool (iris_scanner::*)()) & iris_scanner::open)
6.   //其他函数如isOpened、release、pause、close等定义方式与open类似，不再一一示例
7.       .def("read", [](iris_scanner &m) {
8.           cv::Mat img;
9.           bool ret = m.read(img);
10.          return img; })                  //读取图像
11.      .def("set_exposure", (int (iris_scanner::*)(int)) & iris_scanner::set_
     exposure, py::arg("expo") = 0) //设置曝光, expo:0 - 自动曝光，1~16-手动曝光
12.  //其他函数如ir_flash、led、beep等定义方式与set_exposure类似，不再一一示例
13.      ;
```

2. 编写 CMakeLists.txt 编译脚本文件

（1）将上一节中 iris_image_capture 目录下的 P20 驱动库目录 driver 复制到 pyeaidk 目录下，然后在 CMakeLists.txt 文件中添加 P20 驱动库的编译脚本，代码如下。

```cmake
1.   # 包含采集设备P20驱动库
2.   if (NOT DRIVER)
3.       set(DRIVER uvc)
4.   endif(NOT DRIVER)
5.   include(${CMAKE_CURRENT_SOURCE_DIR}/driver/driver.cmake)
```

（2）修改 pybind11_add_module()函数，添加 iris_scanner 类依赖的.cpp 文件，代码如下。

```
1.   pybind11_add_module(${CMAKE_PROJECT_NAME} eaidk.cpp ../cinet/cinet_tengine.
     cpp ../iris_segment/image_result.cpp ../iris_segment/iris_segment.cpp
```

```
2.         ../iris_segment/normalization.cpp ../iris_segment/iris_quality_assess.
    cpp ${DRIVER_SRC_FILES} ../iris_image_capture/iris_scanner.cpp)
```

（3）添加 P20 驱动库需链接的库文件 libudev.so，代码如下。

```
1.  target_link_libraries(${CMAKE_PROJECT_NAME} PUBLIC ${TENGINE_LIBS} ${OpenCV_
    LIBS} -lpthread udev)
```

3．编译

进入 eaidk.cpp 和 CMakeLists.txt 所在目录，进行编译。

4．环境测试

编译成功后进入 Python 环境，测试 iris_scanner 类的调用功能（注：需用 sudo 命令进入 Python 环境，否则无权限打开 P20 设备），结果如下。

```
[openailab@localhost pyeaidk]$ sudo python3
Python 3.6.5 (default, Mar 29 2018, 17:45:40)
[GCC 8.0.1 20180317 (Red Hat 8.0.1-0.19)] on linux  s
Type "help", "copyright", "credits" or "license" for more information.
>>> import pyeaidk as ai
>>> scanner = ai.iris_scanner()
>>> scanner.open()
>>> True
```

函数能正常调用，且 scanner.open() 命令返回 True，说明设备成功打开。代码成功编译，可以正常使用 P20 设备的相关功能了。

5．iris_scanner 类的 Python 接口完整调用示例

在 eaidk.cpython-36m-aarch64-linux-gnu.so 所在目录下创建 iris_image_capture.py 文件，添加图像采集的 Python 关键代码，如下所示。

```
1.  if __name__ == "__main__":
2.      #定义虹膜采集设备对象 scanner
3.      scanner = ai.iris_scanner()
4.      #打开虹膜采集设备
5.      ret = scanner.open()
6.      if ret == True:
7.          while True:
8.              #采集图像
9.              image = scanner.read()
10.             if image is None or len(image) == 0:
11.                 continue
12.             #左右眼图像分离
13.             (left, right) = cv2.split(image)
14.             #right_small 和 left_small 缩小图像（代码省略），将它们合成一幅图像显示
15.             img = np.hstack((right_small, left_small))
16.             color_img = cv2.cvtColor(img, cv2.COLOR_GRAY2BGR)
17.             #显示左右眼图像
18.             cv2.imshow("img", color_img)
19.             if cv2.waitKey(1) & 0xFF == ord('q'):
20.                 break
21.         scanner.close()
22.         cv2.destroyAllWindows()
```

进入命令行终端，执行上述 Python 脚本，执行结果如下。

```
[openailab@localhost pyeaidk]$sudo python3 iris_image_capture.py
```

在本例中，命令执行后会显示虹膜图像采集的显示界面，效果与图 7.5 相同。

7.2 虹膜图像定位显示的 Python 实现

虹膜图像采集与定位显示的 Python 实现

本节将在上一节的基础上集成虹膜图像的 cinet 粗定位、精确定位功能，实现从图像采集到粗定位、精确定位和图像合成显示的 Python 案例。在 iris_image_capture.py 文件中添加关键代码，流程及示例如下。

1. cinet 粗定位

（1）cinet 检测模块及模型初始化。

```
1.  #创建 cinet 检测模块 detector 并进行模型初始化
2.  cinet_model_path = "../cinet/"          #模型文件所在路径
3.  detector = ai.cinet()
4.  detector.init(cinet_model_path)
5.  session = detector.create_session()  -b
```

（2）cinet 粗定位。

```
1.  left_eyes = ai.vector_CIBox()
2.  right_eyes = ai.vector_CIBox()
3.  #左眼检测，结果保存在 left_eyes 对象中，该对象是容器类型
4.  result = detector.detect(session, left_small, left_eyes);
5.  #右眼检测，结果保存在 right_eyes 对象中，该对象是容器类型
6.  result = detector.detect(session, right_small, right_eyes);
```

（3）检测结果合成显示。

```
1.  #在合成图像上显示眼睛定位框
2.  for obj in right_eyes:
3.      cv2.rectangle(color_img, (int(obj.x1), int(obj.y1)),
4.          (int(obj.x2), int(obj.y2)), (255, 0, 0))
5.  for obj in left_eyes:
6.      cv2.rectangle(color_img, (int(obj.x1 + right_small.shape[1]), int(obj.y1)),
    (int(obj.x2 + right_small.shape[1]), int(obj.y2)), (255, 0, 0))
```

（4）cinet 检测模块释放。

```
1.  #释放 detector，一般在全部任务结束后进行释放
2.  detector.release_session(session);
3.  detector.release();
```

2. 精确定位

（1）精确定位模块及模型初始化。

```
1.  #定义精确定位检测模块
2.  segment = ai.iris_segment()
3.  #精确定位检测结果
```

```
4.    segment_left = ai.segment_result()
5.    segment_right = ai.segment_result()
```

（2）精确定位。由于精确定位是在原图（left 和 right）上进行的，因此需将 left_small 和 right_small 图像上的定位信息按图像放大 1 倍后再传给精确定位函数使用，代码如下。

```
1.  #左眼原图精确定位
2.  for eye in left_eyes:
3.      eye.x1 = eye.x1 * scale
4.      eye.y1 = eye.y1 * scale
5.      eye.x2 = eye.x2 * scale
6.      eye.y2 = eye.y2 * scale
7.      eye.key_point = eye.key_point * scale
8.      #执行精确定位函数
9.      ret = segment.detect(left, eye, segment_left)
10. #右眼原图精确定位
11. for eye in right_eyes:
12.     eye.x1 = eye.x1 * scale
13.     eye.y1 = eye.y1 * scale
14.     eye.x2 = eye.x2 * scale
15.     eye.y2 = eye.y2 * scale
16.     eye.key_point = eye.key_point * scale
17.     #执行精确定位函数
18.     ret = segment.detect(right, eye, segment_right)
```

（3）检测结果合成显示。

```
1.  #将左右眼图像合成一幅图像，方便显示
2.  img = np.hstack((right_small, left_small))
3.  color_img = cv2.cvtColor(img, cv2.COLOR_GRAY2BGR)
4.  #在合成图像上显示右眼定位信息
5.  for obj in right_eyes:
6.      cv2.rectangle(color_img, (int(obj.x1 / scale), int(obj.y1 / scale)),
7.          (int(obj.x2 / scale), int(obj.y2 / scale)), (255, 0, 0))
8.      if segment_right.pupil_circle.radius > 0:
9.          cv2.circle(color_img, (int(segment_right.pupil_circle.x / scale), int
            (segment_right.pupil_circle.y / scale)), int(segment_right.pupil_circle.
            radius / scale), (0, 255, 255), 1)
10.     if segment_right.iris_circle.radius > 0:
11.         cv2.circle(color_img, (int(segment_right.iris_circle.x / scale), int
            (segment_right.iris_circle.y / scale)), int(segment_right.iris_circle.
            radius / scale),(0, 255, 255), 1)
12. #叠加左眼定位信息（代码省略），与右眼类似
13. color_small_img = cv2.resize(color_img,(int(color_img.shape[1] / 1.5),int
    (color_img.shape[0] / 1.5)),interpolation=cv2.INTER_LINEAR)
14. cv2.imshow("img", color_small_img)
```

进入命令行终端，执行上述 Python 脚本，执行结果如下。

```
[openailab@localhost pyeaidk]$sudo python3 iris_image_capture.py
```

在本例中，命令执行后会显示虹膜图像采集和定位跟踪界面，如图 7.6 所示。

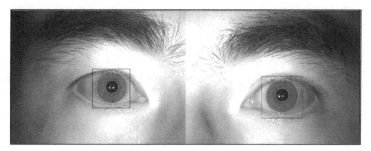

图 7.6 虹膜图像采集和定位跟踪界面

复习思考题

（1）如何实现虹膜图像的采集与定位显示及跟踪？
（2）如何实现虹膜图像的实时特征提取与匹配？
（3）如何在线程中实现虹膜图像的采集与定位显示及跟踪？

7.3 本章小结

本章主要介绍了虹膜图像采集设备 P20、基于 UVC 库创建虹膜图像采集类的 C++和 Python 实现方法，并结合第 5 章内容实现了在采集虹膜图像的同时进行粗定位和精确定位的功能。

第 8 章 基于 PyQt 的虹膜识别门禁系统

学习目标

（1）了解嵌入式虹膜门禁 EAIDK-310-P20 实验平台的组成及功能。
（2）了解虹膜识别门禁系统的架构。
（3）熟练掌握基于 PyQt 的虹膜识别门禁系统的开发流程和实现方法。
（4）熟练掌握 Python 的多线程运行机制和实现方法。

本章整合第 5~7 章的内容，集成虹膜图像的采集与显示、虹膜图像的检测与精确定位、图像质量评估、图像归一化、虹膜特征提取与匹配等功能，并基于 C++ 代码封装为 Python 接口，搭建完整的基于 PyQt 的虹膜识别门禁系统。

该系统基于 EAIDK-310-P20 实验平台进行设计和开发，可以实现虹膜图像采集与预览、用户虹膜注册和虹膜识别、考勤、门禁控制等功能，并通过平台自带的触摸显示屏、扬声器进行人机交互。

8.1 EAIDK-310-P20 实验平台

EAIDK-310-P20 实验平台是校企联合设计、共同研制的，集成虹膜识别设备 P20 和嵌入式人工智能设备 EAIDK-310 的多功能门禁教学平台，如图 8.1 所示。

EAIDK-310-P20
实验平台

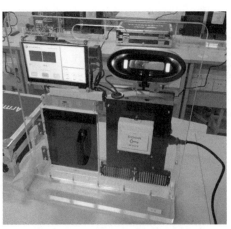

图 8.1　EAIDK-310-P20 实验平台

该实验平台引入了当下较先进、主流的人工智能科技成果，基于 AI 端侧深度神经网络推理框架 Tengine，实现多目标物体分类检测、虹膜图像检测与定位、虹膜图像特征提取与匹配等算法。

8.1.1　EAIDK-310-P20 设备简介

EAIDK-310-P20 实验平台主要由门禁主控板、触摸显示屏、虹膜识别设备 P20、外部电源接口、扬声器、门锁开关、演示门、出门开关等部件组成。平台正面和反面示意图如图 8.2 所示。

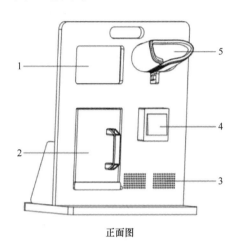
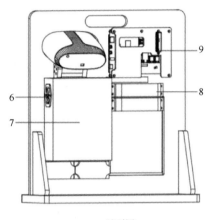

正面图　　　　　　　　　　　　　　　　　反面图

1：触摸显示屏　　2：演示门　　3：扬声器　　4：出门开关　　5：虹膜识别设备P20
6：外部电源接口　　7：门禁后备电源组　　8：门锁开关　　9：门禁主控板（含触摸屏）

图 8.2　EAIDK-310-P20 实验平台正面和反面示意图

其中，门禁主控板包含的部件如图 8.3 所示。

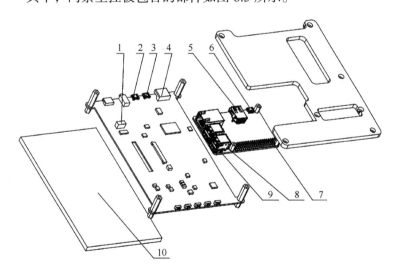

1：音频接口　　　　　　2：屏幕控制板端电源接口　　3：屏幕控制板端触摸屏接口　　4：屏幕控制板端HDMI接口
5：门禁控制板端HDMI接口　　6：电源接口　　　　　　7：开门信号接口　　　　　　8：门禁控制板端触摸屏接口
9：虹膜设备接口　　　　10：触摸屏

图 8.3　EAIDK-310-P20 门禁主控板细节图

EAIDK-310 没有专门的电源插口，通过 micro USB 接口供电。虹膜识别设备 P20 与 EAIDK-310 通过 USB 2.0 接口连接，显示屏通过 HDMI 接口相连，音频也通过 HDMI 接口输出，开门信号通过 EAIDK-310 上的 GPIO 接口输出，高电平开门，低电平关门。

8.1.2　EAIDK-310-P20 的门禁开关控制

EAIDK-310-P20 的门禁开关是通过 EAIDK-310 上的 GPIO 7 号引脚控制的，即图 8.3 中的"7：开门信号接口"。通过该接口输出高电平或低电平控制继电器开闭，从而控制电磁锁开关门。

跟树莓派上操作 GPIO 接口类似，在 EAIDK-310 上操作 GPIO 接口需要依赖 wiringPi 库。

1．wiringPi 库

使用 wiringPi 库之前，先执行以下命令进行下载安装。

```
sudo dnf install wiringPi-1.0_EAIDK-1.openailab.fc28.aarch64
```

安装成功后，可利用如下函数对 GPIO 接口进行控制。
（1）GPIO 初始化。

```
void wiringPiSetupSys()
```

（2）配置引脚的 IO 模式。

```
void pinMode (int pin, int mode)
```

其中 pin 为待配置的引脚，mode 为输入输出模式（取值包括 INPUT、OUTPUT）。
（3）控制输出引脚电平信号。

```
void digitalWrite (int pin, int value)
```

其中 pin 为待配置的引脚，value 为输出的电平值（取值包括 HIGH、LOW）。
（4）读取引脚电平值。

```
int digitalRead (int pin)
```

其中 pin 为待配置的引脚，返回值为电平值（取值包括 HIGH、LOW）。

2．门禁开关控制函数的 Python 封装

本例通过在 pyeaidk 目录下的 eaidk.cpp 文件中添加对 GPIO 7 号引脚的操作函数，实现对门禁开关的控制。

调用 GPIO 控制函数前需先包含头文件 wiringPi.h，然后定义 C 函数，包括初始化函数 init()、开门函数 open() 和关门函数 close()。

```
1.    #if HAVE_DOOR
2.    //gpio control
3.    #include <wiringPi.h>
4.    void init() {
5.        //init gpio
6.        wiringPiSetupSys();
7.    }
8.    //开门控制方法
```

```
9.   void open() {
10.      //output mode
11.      pinMode(7, OUTPUT);
12.      //set high
13.      digitalWrite(7, HIGH);
14.   }
15.   void close() {
16.      //output mode
17.      pinMode(7, OUTPUT);
18.      //set high
19.      digitalWrite(7, LOW);
20.   }
21.   #endif // HAVE_DOOR
```

然后针对上述函数进行 Python 封装，以便在 Python 环境下实现对上述函数的调用，代码如下。

```
1.   #if HAVE_DOOR
2.   #include <wiringPi.h>
3.       m.def("init", (void (*)()) &init);
4.       //开门控制方法
5.       m.def("open", (void (*)()) &open);
6.       m.def("close", (void (*)()) &close);
7.   #endif // HAVE_DOOR
```

3．编写 CMakeLists.txt 编译脚本文件

（1）修改 pyeaidk 目录下的 CMakeLists.txt 文件，添加门禁控制是否启用的宏开关 WITH_DOOR（默认关闭）和编译开关 HAVE_DOOR，设置 wiringPi 库的名称，代码如下。

```
1.   option(WITH_DOOR "use door control" OFF)
2.   if(WITH_DOOR)
3.       add_definitions(-DHAVE_DOOR)
4.       set(DOOR_LIBS wiringPi)
5.   else()
6.       set(DOOR_LIBS "")
7.   endif()
```

（2）添加 wiringPi 库需链接的库文件${DOOR_LIBS}，代码如下。

```
target_link_libraries(${CMAKE_PROJECT_NAME} PUBLIC ${TENGINE_LIBS} ${OpenCV_LIBS} ${DOOR_LIBS} -lpthread udev)
```

4．编译

进入 eaidk.cpp 和 CMakeLists.txt 所在目录，使用如下命令（打开 WITH_DOOR 宏开关）进行编译。

```
cmake -DWITH_DOOR=ON .
make
```

5．功能测试

编译成功后，进入 Python 环境，测试门禁开关控制功能，需使用 sudo 命令获取管理员权限。

```
[openailab@localhost pyeaidk]$sudo python3
Python 3.6.5 (default, Mar 29 2018, 17:45:40)
[GCC 8.0.1 20180317 (Red Hat 8.0.1-0.19)] on linux  s
Type "help", "copyright", "credits" or "license" for more information.
>>> import pyeaidk as ai
>>> ai.init()
>>> ai.open()
```

函数能正常调用，且执行 ai.open() 命令后，使用万用表测得 GPIO 7 号引脚为高电平，表示功能正常，说明代码成功编译，可以正常使用门禁开关的功能了。

⚠ 注：若未使用 sudo 命令，执行 ai.init() 命令时会出现打开设备失败错误提示；若没有先执行 ai.init() 命令，执行 ai.open() 命令后引脚电平不会发生变化。

8.1.3 EAIDK-310-P20 的语音控制

为了改善门禁系统的使用体验，操作过程中的语音提示必不可少。EAIDK-310-P20 实验平台上的语音可通过耳机进行播放，也可通过 HDMI 接口的输出进行播放。

在 EAIDK-310 中可采用 ALSA 音频工具播放语音，其中涉及 aplay 命令。在终端中执行 aplay 命令的格式如下。

```
aplay -Dplughw:0,0 wavfile
```

或

```
aplay -Dplughw:1,0 wavfile
```

前者为耳机播放，后者为 HDMI 接口输出播放，wavfile 表示语音文件所在的相对路径。

在本例中，在 pyeaidk 目录下创建 utils.py 文件，通过在 Python 脚本中执行终端命令的方式实现语音播放功能，utils.py 文件的代码如下。

```
1.  import os
2.  import threading
3.  #wav_file: 播放文件路径，dev: 0-耳机播放，1-HDMI 播放
4.  def play_sound(wav_file, dev = 0):
5.      os.system('aplay -Dplughw:%d,0 '%(dev) + wav_file)
6.  #非阻塞播放方式
7.  #wav_file: 播放文件路径，dev: 0-耳机播放，1-HDMI 播放
8.  def play_sound_noblock(wav_file, dev = 0):
9.      threading.Thread(target = play_sound, args = (wav_file, dev,)).start()
```

其中 play_sound() 函数以同步方式播放 wav_file 语音文件，利用 os.system 脚本执行终端命令，但该方式需等待语音文件全部播放完才会运行后续脚本，属于阻塞播放方式；另一种方式是利用线程调用进行播放，即 play_sound_noblock() 函数，该方式属于非阻塞播放方式，调用该函数后立即返回，不影响后续脚本运行，不论语音文件多长，都在线程中播放，一般推荐使用第二种方式。

8.1.4 基于 PyQt 的虹膜识别门禁系统的架构

本章将完全采用 PyQt 的 GUI 框架，基于 Python 语言开发一套完整的虹膜识别门禁

系统，方便易用。虹膜识别门禁系统由虹膜注册识别&门禁控制核心模块、虹膜图像采集与预览子系统、用户虹膜注册子系统和用户虹膜识别子系统组成。虹膜识别门禁系统模块架构图如图 8.4 所示。

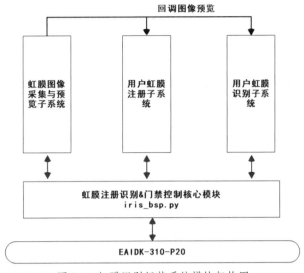

图 8.4　虹膜识别门禁系统模块架构图

虹膜注册识别&门禁控制核心模块 iris_bsp.py 负责虹膜识别门禁系统与 EAIDK-310-P20 实验平台的通信和控制。该系统集成了所有的虹膜图像处理算法和流程，考虑到使用体验，特采用线程处理采集、注册和识别过程。

虹膜图像采集与预览子系统负责采集线程和注册、识别时的图像预览，图像预览由用户虹膜注册子系统和用户虹膜识别子系统中的回调函数实现。

用户虹膜注册子系统负责用户信息的输入、虹膜的注册控制、注册完成后的数据回调处理与编码保存，以及用户信息的查询与编辑。

　　用户虹膜识别子系统负责虹膜的识别控制、识别成功后的回调信息显示、日志记录、语音提示及门禁控制。

8.2　虹膜识别门禁系统的核心模块

本节融合虹膜图像的采集、虹膜图像的检测与精确定位、图像质量评估、图像归一化、虹膜特征提取与匹配等功能，开发完整的、可供外部模块调用的、用于虹膜注册和识别的核心模块 iris_bsp.py，具体包括以下功能。

（1）加载虹膜编码：从目录中加载已注册的虹膜编码文件，用于虹膜识别。

（2）预设虹膜编码：将加载的虹膜编码预设至用于虹膜识别匹配的编码数组中。

（3）保存虹膜编码：将采集并生成的用户虹膜编码保存至目录中，以便下次加载，相当于虹膜注册。

（4）删除虹膜编码：将保存在目录中的虹膜编码文件删除，相当于删除注册的用户。

（5）采集线程：启动独立的线程进行虹膜图像的采集，采集后通知注册识别线程处理，并通过回调函数在外部 UI 模块中进行预览显示。

（6）注册识别线程：启动两个独立的线程，分别处理左右眼虹膜图像，根据所处的状态进行注册或识别，并通过回调函数在外部UI模块中处理注册或识别结果。

（7）连接设备：打开虹膜设备，加载算法处理模块，启动采集线程和注册识别线程。

（8）断开设备：终止采集线程和注册识别线程，关闭虹膜设备，卸载算法处理模块。

（9）设置回调函数：用于在外部UI模块中设置预览显示和注册识别回调函数。

（10）启动注册：开始虹膜注册流程，由状态机控制流程。

（11）启动识别：开始虹膜识别流程，由状态机控制流程。

（12）取消操作：取消当前正在执行的操作，包括注册和识别等。

（13）蜂鸣器发声：在注册或识别成功后，控制蜂鸣器发声进行提示。

（14）门禁开关：在识别成功后控制开关门信号。

（15）状态机：用于启动注册识别和取消操作时的状态切换。

8.2.1 核心模块的功能代码

由于核心模块依赖5.3.3节、5.3.4节、5.4.3节、6.1.3节、6.2.4节、7.1.3节和7.2.1节涉及的pyeaidk库，因此本节将在pyeaidk目录下创建项目。针对核心模块，新建iris_bsp.py文件，实现上述功能。关键代码如下（代码中均省略全局变量声明）。

1. 加载虹膜编码（load_iris_codes）

```python
1.  def load_iris_codes(path, eye):
2.      codes_ = []
3.      ids_ = []
4.      name_ = []
5.      annotations = os.listdir(path)
6.      feature_len = 512
7.      filter = "_%d.pix" %(eye)
8.      for file_index, file in enumerate(annotations):
9.          pos = file.find(filter)
10.         if pos >= 0:
11.             code_file = file.split('.')[0]+'.pix'
12.             str_array = file.split('_')
13.             if len(str_array) >= 2:
14.                 with open(path + '/' + code_file, 'rb') as binfile:
15.                     for i in range(feature_len):
16.                         f, = struct.unpack("f", binfile.read(4))
17.                         codes_.append(f)
18.                     ids_.append(int(str_array[0]))
19.                     name_.append(str_array[1])
20.                     binfile.close()
21.     return ids_, name_, codes_
```

2. 预设虹膜编码（preset_template）

```python
1.  def preset_template(eyes, template_array):
2.      if eyes == 0:
3.          codes_left = template_array.copy()
4.      elif eyes == 1:
5.          codes_right = template_array.copy()
```

3. 保存虹膜编码（save_iris_codes）

```
1.  def save_iris_codes(path, id, name, eye, code):
2.      code_file = "%s/%d_%s_%d.pix" %(path, id, name, eye)
3.      if os.path.exists(code_file):    # 如果文件存在
4.          print(code_file + " exists")
5.          return
6.      with open(code_file, 'wb') as binfile:
7.          for f in code:
8.              data = struct.pack('f', f)
9.              binfile.write(data)
10.         binfile.close()
```

4. 删除虹膜编码（delete_iris_codes）

```
1.  def delete_iris_codes(path, id, name, eye):
2.      code_file = "%s/%d_%s_%d.pix" %(path, id, name, eye)
3.      if os.path.exists(code_file):    # 如果文件存在
4.          # 删除文件
5.          os.remove(code_file)
6.      else:
7.          print('no such file:%s'%code_file)    # 否则，返回文件不存在
```

5. 采集线程（capture_thread）

以下仅列出线程类主运行函数的关键代码。

```
1.  #线程运行函数
2.  def __run(self):
3.      is_frame_remain = False
4.      while self.__stop == False:
5.          _state = state_machine_process()
6.          if _state == PURPOSE_STATE.PURPOSE_STOPED:
7.              if is_frame_remain:
8.                  image = scanner.read()
9.                  if image is None or len(image) == 0:
10.                     is_frame_remain = False
11.             else:
12.                 time.sleep(0.06)
13.             continue
14.         #采集图像
15.         scanner_lock.acquire()    #线程锁
16.         image = scanner.read()
17.         if image is None or len(image) == 0:
18.             scanner_lock.release()
19.             continue
20.         is_frame_remain = True
21.         #左右眼图像分离
22.         (left_tmp, right_tmp) = cv2.split(image)
23.         #只截取中心 640x480 大小的图像进行处理
24.         left = left_tmp[240:720, 320:960]
25.         right = right_tmp[240:720, 320:960]
26.         scanner_lock.release()    #释放线程锁
```

```
27.            #通知enroll_identify_thread线程处理
28.            e_i_thread1.event_set()
29.            e_i_thread2.event_set()
30.            #显示左右眼图像
31.            scale = 2
32.            left_small = cv2.resize(left,(int(left.shape[1] / scale),int(left.
               shape[0] / scale)),interpolation=cv2.INTER_LINEAR)
33.            right_small = cv2.resize(right,(int(right.shape[1] / scale),int(right.
               shape[0] / scale)),interpolation=cv2.INTER_LINEAR)
34.            if _state == PURPOSE_STATE.PURPOSE_IDENTIFYING:
35.                if cb_live_image is not None:
36.                    color_left = cv2.cvtColor(left_small, cv2.COLOR_GRAY2BGR)
37.                    color_right = cv2.cvtColor(right_small, cv2.COLOR_GRAY2BGR)
38.                    cb_live_image(0, color_left, cb_live_image_context)
39.                    cb_live_image(1, color_right, cb_live_image_context)
40.            elif _state == PURPOSE_STATE.PURPOSE_ENROLLING:
41.                if cb_live_image is not None:
42.                    color_left = cv2.cvtColor(left_small, cv2.COLOR_GRAY2BGR)
43.                    color_right = cv2.cvtColor(right_small, cv2.COLOR_GRAY2BGR)
44.                    cb_live_image(0, color_left, cb_live_image_context)
45.                    cb_live_image(1, color_right, cb_live_image_context)
```

6. 注册识别线程（enroll_identify_thread）

以下仅列出线程类主运行函数的关键代码。

```
1.     #线程运行函数
2.     def __run(self):
3.         while self.__stop == False:
4.             if self.__notify_event.wait(1):
5.                 code = ai.iris_code()
6.                 code_success = False
7.                 quality = 0
8.                 quality_min = IRISQUALITY_IDENTIFY_MIN
9.                 _state = state_machine_process()
10.                input_img = left
11.                if _state == PURPOSE_STATE.PURPOSE_ENROLLING:
12.                    quality_min = IRISQUALITY_MIN
13.                if _state == PURPOSE_STATE.PURPOSE_IDENTIFYING or _state == PURPOSE_
                   STATE.PURPOSE_ENROLLING:
14.                    scanner_lock.acquire()
15.                    if self.__session == 0:
16.                        input_img = left.copy()
17.                    elif self.__session == 1:
18.                        input_img = right.copy()
19.                    scanner_lock.release()
20.                    #提高检测速度
21.                    if len(input_img) > 0:
22.                        scale = 2
23.                        img_small = cv2.resize(input_img,(int(input_img.shape[1] /
                           scale),int(input_img.shape[0] / scale)),interpolation=cv2.
                           INTER_LINEAR)
24.                        eyes = ai.vector_CIBox()
25.                        #检测，结果保存在eyes对象中，该对象是容器类型
26.                        result = detector.detect(self.__session, img_small, eyes)
27.                        #原图精确定位
```

```python
28.              segment_ret = ai.segment_result()
29.              if len(eyes) == 0:
30.                  if self.__session == 0:
31.                      eye_left.x1 = 0
32.                      eye_left.y1 = 0
33.                      eye_left.x2 = 0
34.                      eye_left.y2 = 0
35.                      segment_left.pupil_circle.radius = 0
36.                      segment_left.iris_circle.radius = 0
37.                  else:
38.                      eye_right.x1 = 0
39.                      eye_right.y1 = 0
40.                      eye_right.x2 = 0
41.                      eye_right.y2 = 0
42.                      segment_right.pupil_circle.radius = 0
43.                      segment_right.iris_circle.radius = 0
44.              for eye in eyes:
45.                  eye.x1 = eye.x1 * scale
46.                  eye.y1 = eye.y1 * scale
47.                  eye.x2 = eye.x2 * scale
48.                  eye.y2 = eye.y2 * scale
49.                  eye.key_point = eye.key_point * scale
50.                  #执行精确定位函数
51.                  ret = segment.detect(input_img, eye, segment_ret)
52.                  if ret == 0:
53.                      ret = assess.iris_quality_assess(input_img, eye, segment_ret)
54.                      quality = segment_ret.iso_quality.Quality
55.                      if segment_ret.iris_circle.radius > 1 and quality > quality_min:
56.                          #归一化
57.                          ret = norm.normalizeiris(input_img, eye, segment_ret, 90.0)
58.                          ret = code_net.encode(self.__code_session, segment_ret.normal_img, code, IRISCODE_LENGTH)
59.                          code_success = True if ret == 0 else False
60.          if _state == PURPOSE_STATE.PURPOSE_IDENTIFYING:
61.              codes = codes_left if self.__code_session == 0 else codes_right
62.              ids_len = len(codes) // IRISCODE_LENGTH
63.              if ids_len == 0:
64.                  continue
65.              if code_success == True:
66.                  score = ai.Float()
67.                  score.value = 0.0
68.                  cand_id = ai.UInt()
69.                  identify_id = -1
70.                  code_net.identify_match(self.__code_session, code, IRISCODE_LENGTH, codes, ids_len, score, cand_id)
71.                  if score.value > score_threshold:
72.                      identify_id = cand_id.value
73.                  else:
74.                      identify_id = -1
75.              #识别回调
76.              if cb_identify is not None:
77.                  cb_identify(self.__session, identify_id, quality,
```

```
                 input_img, cb_enroll_context)
78.           elif _state == PURPOSE_STATE.PURPOSE_ENROLLING:
79.               if code_success == True:
80.                   #注册回调
81.                   if cb_enroll is not None:
82.                       cb_enroll(self.__session, quality, code.value, input_img,
                 cb_enroll_context)
83.                   self.__notify_event.clear()
84.               else:
85.                   print("wait timeout")
```

其中 scanner_lock 为线程锁，其定义如下。

```
1.  #虹膜采集线程锁
2.  scanner_lock = threading.Lock()
```

该线程锁用于保护 capture_thread 和 enroll_identify_thread 线程中采集图像的读写操作。当调用 scanner_lock.acquire()时，只有一个线程能成功地获取线程锁，然后执行代码，其他线程需等待直到获得线程锁；获得线程锁的线程执行完代码后一定要释放线程锁 scanner_lock.release()，否则其他等待的线程将无法执行，成为死线程。

7．连接设备（attach）

```
1.  #cinet 检测模块 detector 进行模型初始化
2.  detector.init(cinet_model_path)
3.  session = detector.create_session()
4.  session2 = detector.create_session()
5.  #iris_code_net 特征编码模块 code_net 进行模型初始化
6.  code_net.init(code_model_path)
7.  code_net_session = code_net.create_session()
8.  code_net_session2 = code_net.create_session()
9.  #打开虹膜采集设备
10. ret = scanner.open()
11. if ret == True:
12.     type = attach_type
13.     spi_state = SPI_ATTACH
14.     purpose_state = PURPOSE_STATE.PURPOSE_STOPED
15.     #创建并启动采集线程
16.     capture = capture_thread()
17.     capture.start()
18.     #创建并启动注册和识别线程
19.     e_i_thread1 = enroll_identify_thread(session, code_net_session)
20.     e_i_thread2 = enroll_identify_thread(session2, code_net_session2)
21.     e_i_thread1.start()
22.     e_i_thread2.start()
23.     return 0
```

8．断开设备（detach）

```
1.  if spi_state == SPI_ATTACH:
2.      purpose_event = PURPOSE_STATE.PURPOSE_STOP
3.      #先停止注册和识别线程
4.      e_i_thread1.stop()
```

```
5.         e_i_thread2.stop()
6.     #再停止采集线程
7.     capture.stop()
8.     #关闭设备
9.     scanner.close()
10.    #释放detector,一般在全部任务结束后进行释放
11.    detector.release_session(session)
12.    detector.release_session(session2)
13.    detector.release()
14.    code_net.release_session(code_net_session)
15.    code_net.release_session(code_net_session2)
16.    code_net.release()
17.    spi_state = SPI_DETACH
18.    type = detach_type
19.    return 0
```

9. 设置回调函数（set_callback）

```
1.  def set_callback(event_type, pfn, p_context):
2.      if event_type == 1:
3.          cb_enroll = pfn
4.          cb_enroll_context = p_context
5.      elif event_type == 2:
6.          cb_live_image = pfn
7.          cb_live_image_context = p_context
8.      elif event_type == 3:
9.          cb_status = pfn
10.         cb_status_context = p_context
11.     elif event_type == 4:
12.         cb_identify = pfn
13.         cb_identify_context = p_context
```

10. 启动注册（enroll）

```
1.  def enroll(eyes):
2.      purpose_lock.acquire()
3.      purpose_event = PURPOSE_STATE.PURPOSE_ENROLL
4.      purpose_lock.release()
```

11. 启动识别（identify）

```
1.  def identify(eyes):
2.      purpose_lock.acquire()
3.      purpose_event = PURPOSE_STATE.PURPOSE_IDENTIFY
4.      purpose_lock.release()
```

12. 取消操作（cancel）

```
1.  def cancel():
2.      purpose_lock.acquire()
3.      purpose_event = PURPOSE_STATE.PURPOSE_STOP
4.      purpose_lock.release()
```

13. 蜂鸣器发声（beep）

```
1.  def beep():
2.      scanner.beep()
```

14. 门禁开关（open 和 close）

```
1.  #开门
2.  def open():
3.      door_lock.acquire()
4.      ai.open()
5.      door_lock.release()
6.  #关门
7.  def close():
8.      door_lock.acquire()
9.      ai.close()
10.     door_lock.release()
```

其中 door_lock 为线程锁，与 scanner_lock 的定义类似。

15. 状态机（state_machine_process）

```
1.  def state_machine_process():
2.      purpose_lock.acquire()
3.      _event = purpose_event
4.      _state = purpose_state
5.      if _event == PURPOSE_STATE.PURPOSE_IDLE:
6.          purpose_lock.release()
7.          return _state
8.      purpose_event = PURPOSE_STATE.PURPOSE_IDLE
9.      if _state == PURPOSE_STATE.PURPOSE_STOPED:
10.         if _event == PURPOSE_STATE.PURPOSE_STOP:
11.             purpose_state = PURPOSE_STATE.PURPOSE_STOPED
12.         elif _event == PURPOSE_STATE.PURPOSE_ENROLL:
13.             purpose_state = PURPOSE_STATE.PURPOSE_ENROLLING
14.         elif _event == PURPOSE_STATE.PURPOSE_IDENTIFY:
15.             purpose_state = PURPOSE_STATE.PURPOSE_IDENTIFYING
16.     if _state == PURPOSE_STATE.PURPOSE_IDENTIFYING:
17.         if _event == PURPOSE_STATE.PURPOSE_STOP:
18.             purpose_state = PURPOSE_STATE.PURPOSE_STOPED
19.         elif _event == PURPOSE_STATE.PURPOSE_ENROLL:
20.             purpose_state = PURPOSE_STATE.PURPOSE_ENROLLING
21.         elif _event == PURPOSE_STATE.PURPOSE_IDENTIFY:
22.             purpose_state = PURPOSE_STATE.PURPOSE_IDENTIFYING
23.         elif _event == PURPOSE_STATE.PURPOSE_TIMEOUT:
24.             purpose_state = PURPOSE_STATE.PURPOSE_STOPED
25.     if _state == PURPOSE_STATE.PURPOSE_ENROLLING:
26.         if _event == PURPOSE_STATE.PURPOSE_STOP:
27.             purpose_state = PURPOSE_STATE.PURPOSE_STOPED
28.         elif _event == PURPOSE_STATE.PURPOSE_ENROLL:
29.             purpose_state = PURPOSE_STATE.PURPOSE_ENROLLING
30.         elif _event == PURPOSE_STATE.PURPOSE_IDENTIFY:
```

```
31.            purpose_state = PURPOSE_STATE.PURPOSE_IDENTIFYING
32.        elif _event == PURPOSE_STATE.PURPOSE_TIMEOUT:
33.            purpose_state = PURPOSE_STATE.PURPOSE_STOPED
34.    purpose_lock.release()
35.    return purpose_state
```

其中 purpose_lock 为状态线程锁，其定义如下。

```
1.  #状态线程锁
2.  purpose_lock = threading.Lock()
```

该线程锁用于保护主线程、采集线程（capture_thread）和注册识别线程（enroll_identify_thread）中状态切换时的读写操作。

8.2.2 核心模块的功能流程

如图 8.5 所示，核心模块涉及 3 个线程：主线程、采集线程和注册识别线程。

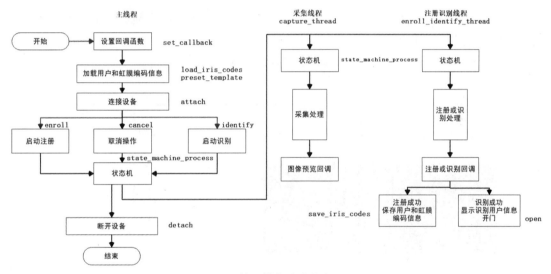

图 8.5 核心模块的功能流程图

主线程实际是 UI 界面线程。在主线程中，首先用户操作连接设备，此时系统会先设置回调函数，接着加载用户和虹膜编码信息，然后再打开设备，打开设备后启动采集线程和注册识别线程，此时采集线程和注册识别线程处于等待状态。

用户启动注册后，通过状态机选择处理状态，采集线程会进入采集处理状态，采集到图像后通过回调函数在注册窗体上显示预览虹膜图像；注册识别线程进入注册状态，注册成功后通过回调函数保存用户和虹膜编码信息。

用户启动识别后，采集线程的流程同上；注册识别线程进入识别状态，识别成功后通过回调函数显示用户信息并开门。

用户取消操作后，暂停所有正在处理的操作，线程处于等待状态。

用户选择断开设备后，停止采集线程和注册识别线程，并关闭设备。

复习思考题

（1）简述虹膜识别门禁系统的核心模块的功能。

（2）线程锁 threading.Lock 的作用是什么？在什么情况下需用到线程锁？使用时需要注意什么？

8.3 虹膜图像采集与预览子系统

虹膜图像采集与预览子系统

虹膜图像采集与预览子系统主要负责图像的采集和注册识别时的图像预览，图像预览由注册识别线程中的回调函数实现，涉及 iris_bsp 核心模块中的连接设备、断开设备、采集线程，以及回调函数的设置和图像的显示等功能。

8.3.1 PyQt 界面设计

1．初始界面设计

注册识别线程中的虹膜注册和虹膜识别子系统都需要用到图像预览功能，下面仅以虹膜识别子系统为例进行说明。

打开 Qt Designer，设计虹膜识别子系统界面，如图 8.6 所示。

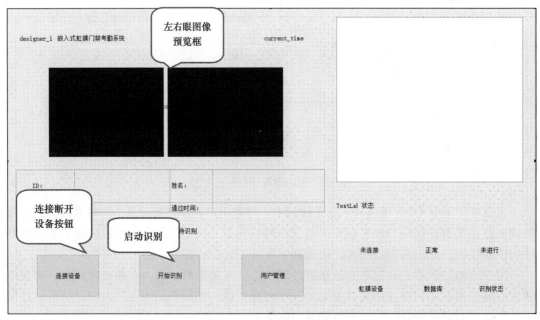

图 8.6 虹膜识别子系统界面

设计好所有的功能元素后，将界面分辨率设置为 1280 像素×720 像素，然后保存为 identifydialog.ui 文件，该文件为 xml 格式的描述文件。在 pyeaidk 目录下创建 ui 目录，将 identifydialog.ui 文件复制到该目录下，文件截图如图 8.7 所示。

PyQt 是基于 Python 环境的一套函数库，无法直接调用.ui 文件，但可以将 Qt 的.ui 文件转换成.py 文件，方便与 Python 代码统一编辑、解释、运行。

```xml
<?xml version="1.0" encoding="UTF-8"?>
<ui version="4.0">
 <class>IdentifyDialog</class>
 <widget class="QDialog" name="IdentifyDialog">
  <property name="geometry">
   <rect>
    <x>0</x>
    <y>0</y>
    <width>1280</width>
    <height>720</height>
   </rect>
  </property>
  <property name="windowTitle">
   <string>IdentifyDialog</string>
  </property>
  <widget class="QFrame" name="attend_result_frame">
   <property name="geometry">
    <rect>
```

图 8.7　xml 格式的 identifydialog.ui 文件截图

2. .ui 文件格式转换

要将 .ui 文件转换成 Python 代码文件，只需在 EAIDK-310 设备终端中将当前路径设置为 .ui 文件所在位置，使用如下 pyuic5 命令进行转换。

```
[openailab@localhost pyeaidk]$ cd ui
[openailab@localhost ui]$ pyuic5 identifydialog.ui -o identifydialog.py
```

如果没有出现任何错误提示，则说明文件转换成功，在 ui 目录下会生成 identifydialog.py 文件，部分代码如下。

```
1.  from PyQt5 import QtCore, QtGui, QtWidgets
2.  from PyQt5.QtWidgets import *
3.  from PyQt5.QtGui import QPixmap
4.  from PyQt5.QtCore import Qt, QDateTime
5.  class Ui_IdentifyDialog(object):
6.      def setupUi(self, IdentifyDialog):
7.          IdentifyDialog.setObjectName("IdentifyDialog")
8.          IdentifyDialog.resize(1280, 720)
9.          IdentifyDialog.setWindowFlags(QtCore.Qt.FramelessWindowHint)
10.         self.attend_result_frame = QtWidgets.QFrame(IdentifyDialog)
11.         self.attend_result_frame.setGeometry(QtCore.QRect(20, 20, 751, 680))
12.         self.attend_result_frame.setFrameShape(QtWidgets.QFrame.StyledPanel)
13.         self.attend_result_frame.setFrameShadow(QtWidgets.QFrame.Raised)
14.         self.attend_result_frame.setObjectName("attend_result_frame")
```

可以看到转换生成的文件只有一个类，包含在 Qt Designer 中添加的控件。需要为文件添加一些初始配置，引用 PyQt 相关函数库。

为了界面更美观，可以在该 .py 文件的基础上添加更多细节的图片设计，代码如下（其中 identify_dialog.qss 为界面风格脚本，类似于 HTML 的 CSS 脚本）。

```
1.  def setupUi(self, IdentifyDialog):
2.      #前面代码省略...
3.      self.init_ui()
4.      with open('./qss/identify_dialog.qss', 'r') as file:
5.          qApp.setStyleSheet(file.read())
6.  def init_ui(self):
7.      self.preview_left_label.setPixmap(
```

```
8.      QPixmap('./images/eye_left.jpg').scaledToHeight(self.preview_left_label.
        height()))
9.  self.preview_right_label.setPixmap(
10.     QPixmap('./images/eye_right.jpg').scaledToHeight(self.preview_right_
        label.height()))
11. self.icon_label.setPixmap(QPixmap('./images/suep.jpg').scaledToWidth(self.
    icon_label.width(), Qt.SmoothTransformation))
12. self.personal_photo_label.setPixmap(QPixmap('./images/photo_boy.svg').
    scaledToWidth(self.personal_photo_label.width()))
13. self.status_icon_label.setPixmap(QPixmap('./images/notification.svg'))
14. self.status_device_label_text.setStyleSheet("background: url(./images/
    circle-100_100.jpg) no-repeat;background-position: center;")
15. self.status_database_label_text.setStyleSheet('background: url(./images/
    circle-100_100.jpg) no-repeat;background-position: center;')
16. self.status_identify_label_text.setStyleSheet('background: url(./images/
    circle-100_100.jpg) no-repeat;background-position: center;')
```

为了观察设计效果，可以单独设定一个运行主程序显示该界面，代码如下。

```
1.  if __name__ == "__main__":
2.      app = QtWidgets.QApplication(sys.argv)
3.      form = QtWidgets.QWidget()
4.      w = Ui_IdentifyDialog()
5.      w.setupUi(form)
6.      form.show()
7.      sys.exit(app.exec_())
```

回到 pyeaidk 目录下执行命令"python3 ui/identifydialog.py"，该文件的显示效果如图 8.8 所示。

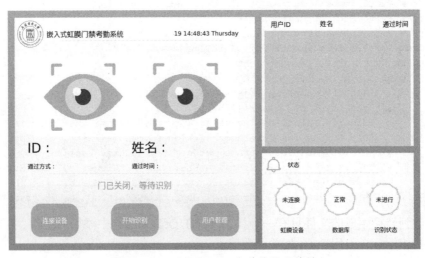

图 8.8 identifydialog.py 文件的显示效果

8.3.2 代码设计

在 pyeaidk 目录下创建 identify_win.py 文件，编写相关代码，实现连接设备、断开设备、启动采集、回调函数的设置和图像的显示等功能。

（1）单击"连接设备"按钮，打开设备，启动采集线程，关键代码如下。

```
1.  self.connect_device_btn.clicked.connect(self.on_connect_device)
```

其中 connect_device_btn 为"连接设备"按钮的控件名称，on_connect_device()为单击后响应的函数，代码如下。

```
1.  def on_connect_device(self):
2.      _translate = QtCore.QCoreApplication.translate
3.      if self.connect_device_btn.text() == '连接设备':
4.          bsp.set_callback(2, self.live_image_callback, self)
5.          bsp.attach(0)
6.          self.status_device_label_text.setText(_translate("IdentifyDialog", "已连接"))
7.          self.connect_device_btn.setText(_translate("IdentifyDialog", "断开设备"))
8.      elif self.connect_device_btn.text() == '断开设备':
9.          self.connect_device_btn.setText(_translate("IdentifyDialog", "连接设备"))
10.         bsp.detach(0)
11.         self.status_device_label_text.setText(_translate("IdentifyDialog", "未连接"))
12.
13. def live_image_callback(self, eye, image, context):
14.     color_img = QtGui.QImage(image.data, image.shape[1], image.shape[0],
                QtGui.QImage.Format_RGB888)
15.     if eye == 0:
16.         self.preview_right_label.setPixmap(QtGui.QPixmap.fromImage(color_img))
17.     elif eye == 1:
18.         self.preview_left_label.setPixmap(QtGui.QPixmap.fromImage(color_img))
19.
```

live_image_callback()为图像预览回调函数。打开设备成功后，按钮即显示"断开设备"，再次单击按钮即可断开设备。

（2）连接设备成功后，单击"开始识别"按钮，即可在界面上看到预览图像。

识别过程中，8.2.1 节中的采集线程开始采集图像，截取中心区域 640×480 大小的图像，并通过设置的 live_image_callback()回调函数传出。

此回调函数将 image 图像的数据转换为 QImage 对象，再通过 QLabel 的 setPixmap()函数将其显示出来，右侧的 QLabel 显示左眼，左侧的 QLabel 显示右眼。

同理，若需在注册时也能看到预览图像，只需在虹膜注册子系统窗体的代码中设置对应的回调函数，并在回调函数中针对该窗体的显示对象进行设置即可。

复习思考题

（1）虹膜图像采集与预览子系统的功能是什么？如何实现？
（2）如何在预览图像中显示定位信息？

虹膜注册子系统

8.4 虹膜注册子系统

虹膜注册子系统主要完成用户信息的输入、虹膜的注册、注册完成后用户信息和虹膜编码的保存，以及注册用户信息的查询、编辑等功能。注册过程由 iris_bsp 核心模块中的注册识别线程执行，通过设置的注册回调函数返回注册完成的信息。

8.4.1 PyQt 界面设计

虹膜注册子系统涉及图像预览、用户注册、用户管理等主要功能。

1. 初始界面设计

打开 Qt Designer，设计虹膜注册子系统界面，如图 8.9 所示。

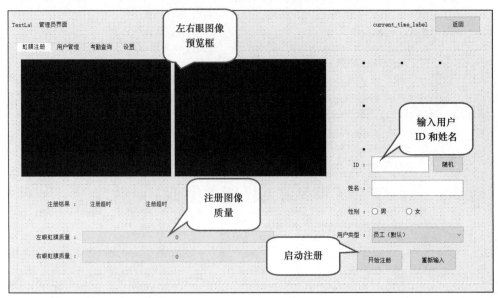

图 8.9 虹膜注册子系统界面

设计好所有的功能元素后，保存为 usermanagementdialog.ui 文件，与 identifydialog.ui 文件放在同一目录下。xml 格式的 usermanagementdialog.ui 文件截图如图 8.10 所示。

```xml
<?xml version="1.0" encoding="UTF-8"?>
<ui version="4.0">
 <class>UserManagementDialog</class>
 <widget class="QDialog" name="UserManagementDialog">
  <property name="geometry">
   <rect>
    <x>0</x>
    <y>0</y>
    <width>1280</width>
    <height>720</height>
   </rect>
  </property>
  <property name="windowTitle">
   <string>Dialog</string>
  </property>
  <widget class="QFrame" name="management_dialog_frame">
   <property name="geometry">
    <rect>
```

图 8.10 xml 格式的 usermanagementdialog.ui 文件截图

2. .ui 文件格式转换

要将 .ui 文件转换成 Python 代码文件，只需在 EAIDK-310 设备终端中将当前路径设置为 .ui 文件所在位置，使用如下 pyuic5 命令进行转换。

```
[openailab@localhost pyeaidk]$ cd ui
[openailab@localhost ui]$ pyuic5 usermanagementdialog.ui -o usermanagementdialog.py
```

在 ui 目录下生成 usermanagementdialog.py 文件，部分代码如下。

```python
1.  from PyQt5 import QtCore, QtGui, QtWidgets
2.  from PyQt5.QtWidgets import *
3.  from PyQt5.QtGui import QPixmap, QIcon
4.  class Ui_UserManagementDialog(object):
5.      def setupUi(self, UserManagementDialog):
6.          UserManagementDialog.setObjectName("UserManagementDialog")
7.          UserManagementDialog.resize(1280, 720)
8.          UserManagementDialog.setWindowFlags(QtCore.Qt.FramelessWindowHint)
9.          self.management_dialog_frame = QtWidgets.QFrame(UserManagementDialog)
10.         self.management_dialog_frame.setGeometry(QtCore.QRect(1, 60, 1280, 680))
11.         self.management_dialog_frame.setFrameShape(QtWidgets.QFrame.StyledPanel)
12.         self.management_dialog_frame.setFrameShadow(QtWidgets.QFrame.Raised)
13.         self.management_dialog_frame.setObjectName("management_dialog_frame")
14.         self.management_tab_widget = QtWidgets.QTabWidget(self.management_dialog_frame)
15.         self.management_tab_widget.setGeometry(QtCore.QRect(20, 20, 1240, 620))
16.         self.management_tab_widget.setTabShape(QtWidgets.QTabWidget.Rounded)
17.         self.management_tab_widget.setObjectName("management_tab_widget")
```

同样地，为了界面更美观，可以在该.py 文件的基础上添加更多细节的图片设计，代码如下。

```python
1.  self.init_ui()
2.      #前面代码省略
3.      self.init_ui()
4.      with open('./qss/user_management_dialog.qss', 'r') as file:
5.          UserManagementDialog.setStyleSheet(file.read())
6.  def init_ui(self):
7.      self.enroll_preview_left_label.setPixmap(
8.          QPixmap('./images/eye_left.jpg').scaledToHeight(self.enroll_preview_left_label.height()))
9.      self.enroll_preview_right_label.setPixmap(
10.         QPixmap('./images/eye_right.jpg').scaledToHeight(self.enroll_preview_right_label.height()))
11.     self.personal_photo_label.setPixmap(QPixmap('./images/photo_default.svg').scaledToWidth(self.personal_photo_label.width()))
12.     self.manager_icon_label.setPixmap(QPixmap('./images/manager.svg').scaledToHeight(self.manager_icon_label.height()))
13.     self.config_exit_btn.setIcon(QIcon('./images/exit.svg'))
14.     self.config_exit_btn.setIconSize(QtCore.QSize(100, 100))
15.     self.config_reboot_btn.setIcon(QIcon('./images/reboot.svg'))
16.     self.config_reboot_btn.setIconSize(QtCore.QSize(100, 100))
17.     self.config_setup_btn.setIcon(QIcon('./images/setup.svg'))
18.     self.config_setup_btn.setIconSize(QtCore.QSize(100, 100))
```

单独设定一个运行主程序显示该界面，代码如下。

```python
1.  if __name__ == "__main__":
2.      app = QtWidgets.QApplication(sys.argv)
3.      form = QtWidgets.QWidget()
4.      w = Ui_UserManagementDialog()
5.      w.setupUi(form)
6.      form.show()
7.      sys.exit(app.exec_())
```

回到 pyeaidk 目录下执行命令 "python3 ui/usermanagementdialog.py"，注册界面和用户管理界面的显示效果如图 8.11 和图 8.12 所示。

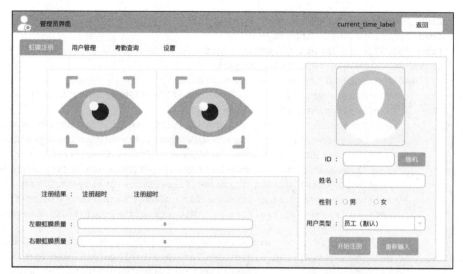

图 8.11 usermanagementdialog.py 注册界面的显示效果

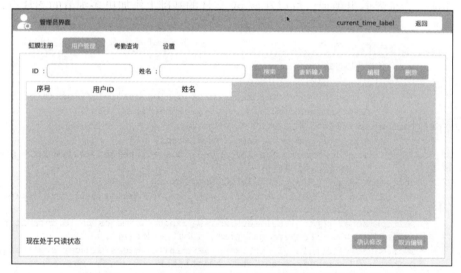

图 8.12 usermanagementdialog.py 用户管理界面的显示效果

8.4.2 代码设计

在 pyeaidk 目录下创建 usermanagement_win.py 文件，编写相关代码，实现用户信息的输入、虹膜的注册、注册完成后用户信息和虹膜编码的保存，以及注册用户信息的查询、编辑等功能。

（1）加载 iris_bsp 核心模块。

```
1.  import iris_bsp as bsp
```

（2）用户信息的输入，关键代码如下。

```
1.  self.enroll_info_random_btn.clicked.connect(self.random_input)
```

其中，enroll_info_random_btn 为"随机"按钮的控件名称，random_input 为单击后响应的函数，其代码如下。

```python
1.  def random_input(self):
2.      if self.man_radiobtn.isChecked():
3.          self.sex = 0
4.      else:
5.          self.sex = 1
6.      self.user_id, self.user_name = bsp.random_id_name(self.sex)
7.      self.id_lineedit.setText(str(self.user_id))
8.      self.name_lineedit.setText(self.user_name)
```

其中，random_id_name()为根据性别产生 1000 以内的随机 id 和姓名的函数，自动输入"ID"和"姓名"文本框中。

（3）按 8.3.2 节相关操作连接设备成功后，单击"开始注册"按钮，启动注册线程，可以在界面上看到预览图像。回调函数的设置方式与 8.3.2 节基本类似，启动注册线程的函数代码如下。

```python
1.  def begin_enroll(self):
2.      self.left_iris_quality_progressbar.setValue(0)
3.      self.right_iris_quality_progressbar.setValue(0)
4.      _translate = QtCore.QCoreApplication.translate
5.      if self.begin_enroll_btn.text() == '开始注册':
6.          utils.play_sound_noblock("./sound/kszc.wav", 1)
7.          bsp.enroll(1)
8.          self.begin_enroll_btn.setText(_translate("UserManagementDialog", "停止注册"))
9.      elif self.begin_enroll_btn.text() == '停止注册':
10.         bsp.cancel()
11.         self.begin_enroll_btn.setText(_translate("UserManagementDialog", "开始注册"))
```

（4）注册成功后的回调函数。

```python
1.  bsp.set_callback(1, self.enroll_callback, self)
```

上述代码设置了注册回调函数，下面定义回调函数，代码如下。

```python
1.  def enroll_callback(self, eye, image_quality, template, image, context):
2.      if self.enroll_success[eye]:
3.          if self.enroll_success[1 if eye == 0 else 0]:
4.              bsp.cancel()
5.              bsp.beep()
6.              utils.play_sound_noblock("./sound/zccg.wav", 1)
7.              self.signal_quality_notify.emit(int(self.enroll_quality[0]), int(self.enroll_quality[1]))
8.              self.enroll_success[0] = False
9.              self.enroll_success[1] = False
10.             self.enroll_quality[0] = 0.0
11.             self.enroll_quality[1] = 0.0
12.             bsp.ids_left, bsp.names_left, codes_l = bsp.load_iris_codes("./gallery", 0)
13.             bsp.ids_right, bsp.names_right, codes_r = bsp.load_iris_codes("./gallery", 1)
14.             bsp.preset_template(0, codes_l)
15.             bsp.preset_template(1, codes_r)
16.             _translate = QtCore.QCoreApplication.translate
17.             self.begin_enroll_btn.setText(_translate("UserManagementDialog", "开始注册"))
18.     else:
19.         self.enroll_success[eye] = True
```

```
20.            self.enroll_quality[eye] = image_quality
21.            bsp.save_iris_codes("./gallery", self.user_id, self.user_name, eye,
    template.copy())
```

两只眼睛的虹膜都注册成功后，系统会停止采集，控制扬声器发声，并发送 signal_quality_notify 信号，通知界面更新显示虹膜质量的进度条，最后将生成的虹膜编码保存到 gallery 目录中并重新加载，以便在下次虹膜识别时使用。

signal_quality_notify 信号的相关控制代码如下。

```
1.  signal_quality_notify = pyqtSignal(int,int)
2.  self.signal_quality_notify.connect(self.on_quality_notify )
```

上述代码为信号的定义，下面为信号槽函数代码。

```
1.  def on_quality_notify(self, left_quality, right_quality):
2.      self.left_iris_quality_progressbar.setValue(left_quality)
3.      self.right_iris_quality_progressbar.setValue(right_quality)
```

（5）用户管理界面中主要包括搜索和删除用户等功能，关键代码如下。

```
1.  self.management_search_btn.clicked.connect(self.user_search)
2.  self.management_delete_btn.clicked.connect(self.user_delete)
```

上述代码为搜索和删除用户功能的信号槽连接定义，下面为功能函数代码。

```
1.  def user_search(self):
2.      id = self.management_id_lineedit.text()
3.      name = self.management_name_lineedit.text()
4.      search_id = 0
5.      search_name = ""
6.      self.management_user_tablewidget.setRowCount(0)
7.      self.management_user_tablewidget.clearContents()
8.      if len(id) == 0 and len(name) == 0:
9.          for i in range(len(bsp.ids_left)):
10.             row = self.management_user_tablewidget.rowCount()
11.             self.management_user_tablewidget.setRowCount(row + 1)
12.             self.management_user_tablewidget.setItem(row,0,QtableWidgetItem
                (str(row + 1)))
13.             self.management_user_tablewidget.setItem(row,1,QtableWidgetItem
                (str(bsp.ids_left[i])))
14.             self.management_user_tablewidget.setItem(row,2,QtableWidgetItem
                (bsp.names_left[i]))
15.     else:
16.         if len(id) > 0:
17.             for i in range(len(bsp.ids_left)):
18.                 if bsp.ids_left[i] == int(id):
19.                     search_id = bsp.ids_left[i]
20.                     search_name = bsp.names_left[i]
21.                     break
22.             for i in range(len(bsp.ids_right)):
23.                 if bsp.ids_right[i] == int(id):
24.                     search_id = bsp.ids_right[i]
25.                     search_name = bsp.names_right[i]
26.                     break
27.             if search_id > 0:
28.                 row = self.management_user_tablewidget.rowCount()
```

```
29.                  self.management_user_tablewidget.setRowCount(row + 1)
30.                  self.management_user_tablewidget.setItem(row,0,QtableWidgetItem
    (str(row + 1)))
31.                  self.management_user_tablewidget.setItem(row,1,QtableWidgetItem
    (str(search_id)))
32.                  self.management_user_tablewidget.setItem(row,2,QtableWidgetItem
    (search_name))
33.
34.     def user_delete(self):
35.         row = self.management_user_tablewidget.selectedItems()[0].row()
36.         if row >= 0:
37.             id = int(self.management_user_tablewidget.item(row,1).text())
38.             name = self.management_user_tablewidget.item(row,2).text()
39.             bsp.delete_iris_codes("./gallery", id, name, 0)
40.             bsp.delete_iris_codes("./gallery", id, name, 1)
41.             bsp.ids_left, bsp.names_left, codes_l = bsp.load_iris_codes("./gallery", 0)
42.             bsp.ids_right, bsp.names_right, codes_r = bsp.load_iris_codes("./gallery", 1)
43.             bsp.preset_template(0, codes_l)
44.             bsp.preset_template(1, codes_r)
45.             self.management_user_tablewidget.removeRow(row)
```

（6）返回虹膜识别子系统界面。

```
1.  self.return_btn.clicked.connect(self.on_return)
```

单击"返回"按钮，即执行下面的 on_return()函数，系统停止采集图像，从图像预览界面返回到虹膜识别子系统界面中，并关闭虹膜注册子系统窗体，代码如下。

```
1.  def on_return(self):
2.      bsp.cancel()
3.      bsp.set_callback(2, self.parent.live_image_callback, self.parent)
4.      self.close()
```

复习思考题

（1）虹膜注册子系统的功能是什么？如何实现？
（2）示例中实现了注册双眼虹膜的功能，如何实现只注册左眼或右眼虹膜的功能？
（3）如何实现异步播放语音的功能？

8.5 虹膜识别子系统

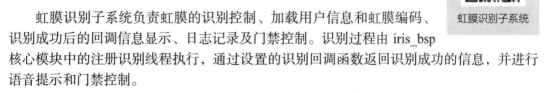

虹膜识别子系统

虹膜识别子系统负责虹膜的识别控制、加载用户信息和虹膜编码、识别成功后的回调信息显示、日志记录及门禁控制。识别过程由 iris_bsp 核心模块中的注册识别线程执行，通过设置的识别回调函数返回识别成功的信息，并进行语音提示和门禁控制。

8.5.1 PyQt 界面设计

8.3.1 节已对虹膜识别子系统的界面设计流程和图像预览等功能做了介绍，本节只针对与虹膜识别相关的功能做对应介绍，如图 8.13 所示。

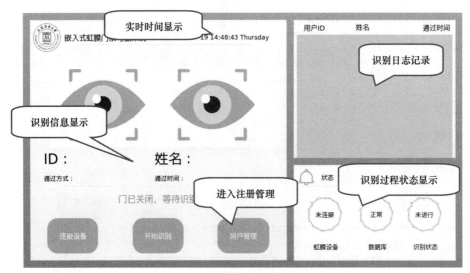

图 8.13 虹膜识别子系统功能图

8.5.2 代码设计

根据图 8.13 所示的与虹膜识别相关的功能，在 8.3.2 节 identify_win.py 文件中添加代码。

1．实时时间显示

首先在 identify_win.py 文件的 identify_win 类中创建时钟对象。

```
1.  class identify_win(QMainWindow, Ui_IdentifyDialog):
2.      timer = QTimer()
```

然后在类的初始化函数中定义时钟更新时间的间隔，以及超时后连接的槽函数。

```
1.  def __init__(self, parent=None):
2.      self.timer.start(1000) #每隔一秒刷新一次，这里设置为1000ms
3.      self.timer.timeout.connect(self.show_time)
```

最后在槽函数中获取当前时间，并将其显示在对应的 QLable 控件上。

```
1.  def show_time(self):
2.      time = QDateTime.currentDateTime()#获取当前时间
3.      str_time = time.toString("yyyy-MM-dd hh:mm:ss")#格式化时间
4.      self.current_time_label.setText(str_time)
```

2．识别过程状态显示

"虹膜设备"的状态是在连接或断开设备时更新的，连接成功后显示"已连接"，断开后显示"未连接"；"识别状态"在开始识别后更新为"识别中"，停止识别后更新为"等待中"。

```
1.  def on_connect_device(self):
2.      _translate = QtCore.QCoreApplication.translate
3.      if self.connect_device_btn.text() == '连接设备':
4.          bsp.attach(0)
5.          self.status_device_label_text.setText(_translate("IdentifyDialog", "已连接"))
6.          self.connect_device_btn.setText(_translate("IdentifyDialog", "断开设备"))
7.      elif self.connect_device_btn.text() == '断开设备':
```

```
8.          bsp.detach(0)
9.          self.connect_device_btn.setText(_translate("IdentifyDialog", "连接设备"))
10.         self.status_device_label_text.setText(_translate("IdentifyDialog", "未连接"))
11. def begin_identify(self):
12.     _translate = QtCore.QCoreApplication.translate
13.     if self.begin_identify_btn.text() == '开始识别':
14.         utils.play_sound_noblock("./sound/kscj.wav", 1)
15.         bsp.identify(1)
16.         self.begin_identify_btn.setText(_translate("IdentifyDialog", "停止识别"))
17.         self.status_identify_label_text.setText(_translate("IdentifyDialog",
            "识别中"))
18.     elif self.begin_identify_btn.text() == '停止识别':
19.         bsp.cancel()
20.         self.begin_identify_btn.setText(_translate("IdentifyDialog", "开始识别"))
21.         self.status_identify_label_text.setText(_translate("IdentifyDialog", "等待中"))
```

3．回调函数的设置及用户信息和虹膜编码的加载

可以在连接设备时设置回调函数并加载用户信息和虹膜编码，相关数据都保存在 gallery 目录中。在 on_connect_device() 函数中添加如下代码。

```
1. bsp.set_callback(1, self.m_user_management_dialog.enroll_callback, self.m_user_
   management_dialog)
2. bsp.set_callback(2, self.live_image_callback, self)
3. bsp.set_callback(4, self.identify_callback, self)
4. bsp.ids_left, bsp.names_left, codes_l = bsp.load_iris_codes("./gallery", 0)
5. bsp.ids_right, bsp.names_right, codes_r = bsp.load_iris_codes("./gallery", 1)
6. bsp.preset_template(0, codes_l)
7. bsp.preset_template(1, codes_r)
```

4．识别信息和日志记录的显示

识别成功后通过识别回调函数播放提示语音，开门，并将用户 ID 和姓名等信息显示在对应的 QLabel 控件上，用户 ID 和姓名可根据识别出的 eye 和 identify_id 获取，这些信息同时被添加至右上角的识别日志记录列表框中，列表框最多显示 10 行记录，超过 10 行，则删除前面 2 行，代码如下。

```
1. def identify_callback(self, eye, identify_id, image_quality, image, context):
2.     self.identity[eye] = identify_id
3.     if identify_id >= 0:
4.         utils.play_sound_noblock("./sound/sbcg.wav", 1)
5.         bsp.open()#开门
6.         self.door_control_timer.start(3000)
7.         self.attend_type_label_2.setText("虹膜")
8.         self.attend_status_label.setText("门已打开")
9.         time = QDateTime.currentDateTime()#获取当前时间
10.        str_time = time.toString("MM-dd hh:mm:ss")#格式化时间
11.        self.attend_time_label_2.setText(str_time)
12.        if eye == 0:
13.            self.user_id_label_2.setText(str(bsp.ids_left[identify_id]))
14.            self.user_name_label_2.setText(bsp.names_left[identify_id])
15.        elif eye == 1:
```

```
16.            self.user_id_label_2.setText(str(bsp.ids_right[identify_id]))
17.            self.user_name_label_2.setText(bsp.names_right[identify_id])
18.        bsp.beep()
19.        row = self.attend_info_tablewidget.rowCount()
20.        #超过10行记录,删除前面2行
21.        if row >= 10:
22.            self.attend_info_tablewidget.removeRow(0)
23.            self.attend_info_tablewidget.removeRow(1)
24.            row = self.attend_info_tablewidget.rowCount()
25.        self.attend_info_tablewidget.setRowCount(row + 1)
26.        self.attend_info_tablewidget.setItem(row,0,QTableWidgetItem(self.user_id_label_2.text()))
27.        self.attend_info_tablewidget.setItem(row,1,QTableWidgetItem(self.user_name_label_2.text()))
28.        self.attend_info_tablewidget.setItem(row,2,QTableWidgetItem(self.attend_time_label_2.text()))
```

其中 door_control_timer 定时器的作用是延时关门。

5．注册管理界面切换

在虹膜识别时若需进入注册子系统界面，只需单击"用户管理"按钮，响应的槽函数为 jump_to_user_management_dialog。

```
1.    self.user_management_btn.clicked.connect(self.jump_to_user_management_dialog)
```

此时，系统停止识别，并把图像预览回调函数设置为注册子系统界面对象 m_user_management_dialog 中的图像预览函数，打开界面窗体，待返回时再切换回来。

```
1.    def jump_to_user_management_dialog(self):
2.        _translate = QtCore.QCoreApplication.translate
3.        bsp.cancel()
4.        self.begin_identify_btn.setText(_translate("IdentifyDialog", "开始识别"))
5.        self.m_user_management_dialog.parent = self
6.        bsp.set_callback(2, self.m_user_management_dialog.live_image_callback, self.m_user_management_dialog)
7.        self.m_user_management_dialog.show()
```

复习思考题

（1）虹膜识别子系统的功能是什么？如何实现？

（2）示例中实现了识别任意眼虹膜的功能，如何实现只识别左眼或右眼虹膜，以及识别双眼虹膜的功能？

（3）识别成功并开门后，如何实现延时5秒关门的功能？

8.6 本章小结

本章简单介绍了嵌入式虹膜门禁 EAIDK-310-P20 实验平台的组成及功能、门禁开关控制和语音控制的实现方法，重点介绍了基于 PyQt 的虹膜识别门禁系统的开发流程和实现方法，主要包括涉及多线程处理的门禁系统核心模块，以及虹膜图像采集与预览子系统、虹膜注册子系统和虹膜识别子系统的界面设计与代码实现。

第9章 智能音箱

学习目标

（1）了解智能音箱项目的环境配置。
（2）掌握语音识别、自然语言处理、语音合成的基本概念和方法。
（3）掌握智能音箱制作的步骤及方法。

语音交互技术的发展给我们的生活带来了很大的改变，智能音箱就是典型的应用产品，如常见的小爱同学、小度、天猫精灵等智能音箱。本例以 EAIDK-310 为核心，使用 4 麦克风线性阵列 SoundPi linear 麦克风模组，制作一款智能音箱，通过与它进行对话，可以实现听歌、听书、听新闻等功能。

9.1 环境配置

系统运行需要 VLC 库，还需要麦克风线性阵列的设备节点。

9.1.1 安装 VLC 库

通过命令行终端安装 VLC 库，步骤如下。

（1）执行命令 "sudo dnf install https://download1.rpmfusion.org/free/fedora/rpmfusion-free-release-28.noarch.rpm"。

（2）执行命令 "sudo dnf install https://download1.rpmfusion.org/nonfree/fedora/rpmfusion-nonfree-release-28.noarch.rpm"。

（3）执行命令 "sudo dnf install vlc"。

> RPM Fusion 是为 Fedora/Red Hat 提供额外 RPM 软件包的第三方软件源，它提供了许多常用但不被包含在 Fedora/Red Hat 默认软件仓库中的软件包，如媒体播放器 VLC 等。

9.1.2 播放测试音频

EAIDK 支持耳机播放和 HDMI 接口输出播放音频，可以使用命令进行切换，切换后需要重启。操作步骤如下。

（1）执行命令 "wget ftp://ftp.eaidk.net/Tools/switch_card.sh"。

（2）执行命令"chmod +x switch_card.sh"，对脚本赋予执行权限。

（3）执行命令"./switch_card.sh hdmi"，使用 HDMI 接口输出播放音频（或执行命令"./switch_card.sh headphone"，使用耳机播放）。

（4）执行命令"sudo dnf install sox-devel"，安装音频播放工具 sox。

（5）执行命令"wget ftp://ftp.eaidk.net/EAIDK310_Source/SoundAI/WestCoastMassive.mp3"，下载测试音频文件。

（6）执行命令"play WestCoastMassive.mp3"，播放测试音频。

9.1.3 查询设备节点

查询麦克风线性阵列的设备节点的步骤如下。

（1）将麦克风模组通过 micro USB 接口连接到 EAIDK-310 开发板，如图 9.1 所示。

（2）执行命令"arecord -l"，查询麦克风线性阵列的设备节点，如图 9.2 所示，card 2 就是连接的麦克风模组，设备节点为 2,0（card 2，device 0）。

图 9.1　智能音箱硬件连接图

图 9.2　查询设备节点

（3）执行命令"arecord -Dhw:2,0 -d 10 -f S16_LE -r 16000 -c 8 -t wav test.wav"，进行录音测试，获取音频文件 test.wav。

- -D 指定录音设备，2,0 是 card 02，device 0 的意思；
- -d 指定录音的时长，单位是秒；
- -f 指定录音格式；
- -r 指定采样频率，单位是 Hz；
- -c 指定 channel 个数；
- -t 指定生成的文件格式。

（4）执行命令"aplay -Dplughw:0,0 test.wav"，播放音频文件（hw:0,0 是耳机播放，hw:1,0 是 HDMI 接口输出播放）。

9.2　语音识别

语音是最自然的交互方式之一，有着效率高、门槛低、使用方便，

语音识别

以及能有效进行情感交流的优势。与智能音箱的语音交互过程包含语音识别（speech recognition，SR）、自然语言处理（natural language processing，NLP）、语音合成（Text-To-Speech，TTS）等流程。

语音识别即对语音信号进行分析，并将其转化为对应的文本信息（文字、拼音等）。语音识别的功能相当于人的耳朵，其目标是让计算机能够"听写"出不同人说出的连续语音，也就是俗称的"语音听写机"，是实现声音到文字转换的技术。语音识别流程包括语音输入、特征提取、解码和文字输出等过程。

9.2.1 编写程序

首先下载源码，编写程序代码，步骤如下。

（1）在联网状态下，执行命令"wget ftp://ftp.eaidk.net/EAIDK310_Source/SoundAI/opdn_basex_sample.tar.gz"，下载 ASR 源码包。

（2）执行命令"tar -xzvf opdn_basex_sample.tar.gz"，解压下载的源码包 opdn_basex_sample.tar.gz。

（3）解压完成后，执行命令"cd opdn_basex_sample_ailab/"，进入 opdn_basex_sample_ailab 目录。

opdn_basex_sample_ailab 目录和文件结构如下。
- inc：包含相关头文件；
- lib：包含编译示例代码所需的依赖库，如降噪唤醒库、ASR 库、NLP 库等；
- sai_config：包含配置文件、唤醒模型目录；
- sample：包含示例代码；
- toolchain-cmake：包含 cmake 交叉编译配置文件。

（4）修改 sample/sample_basexdenoise.cpp 文件中麦克风数量和设备节点，代码如下。

```
42.    char hw[20] ="hw:2,0";
43.    int16_t mic = 4;
```

- 图 9.2 中查询到的设备节点是 2,0；
- 本例选用的是 4 麦克风线性阵列 SoundPi linear 麦克风模组。

（5）启动录音线程，代码如下。

```
440.        pthread_mutex_init(&g_lock,NULL);
441.        pthread_t pt_record;
442.        StartRecordThread(&pt_record);
443.        usleep(1000*10);
444.
445.        string data_str;
446.        while(1)
447.        {
448.            pthread_mutex_lock(&g_lock);
449.            if(g_q.size()>0)
450.            {
451.                data_str=g_q.front();
452.                g_q.pop();
453.            }
```

（6）将音频数据传送给降噪唤醒库处理，代码如下。

```
337. void feed_data(sai_denoise_ctx_t* ctx, const char* data, size_t size)
338. {
339.   if(sai_denoise_feed(ctx,data,size)==0){
340.     writeToFile(1100, Sai_Debug_Raw, std::string(data, size));
341.   }
342.   else{
343.     printf("Failed to feed data");
344.   }
345.   return;
346. }
347.
348. enum RunType { UNKNOWN, NORMAL, FEEDDATA };
```

（7）降噪唤醒库的唤醒触发回调函数，代码如下。

```
135. void svk_denoise_event_WAKE_cb(sai_denoise_ctx_t* ctx, const char* type,
     int32_t code, const void* payload,
136.                                void* user_data) {
137.   if (!payload) {
138.     return;
139.   }
140.
141.   sai_denoise_wake_t* wkload = (sai_denoise_wake_t*)payload;
142.   if (wkload->data && wkload->size > 0) {
143.     writeToFile(1100, Sai_Debug_IVW, std::string(wkload->data, wkload->size));
144.   }
145.   }
146.   debug_log("[Got Event: %s] kw = %s, angle = %f, score = %f, usrdata = %d",
     type, wkload->word, wkload->angle,
147.        wkload->score, *(int*)(user_data));
148. }
```

（8）降噪后的 ASR 数据回调函数，代码如下。

```
124. void svk_denoise_data_ASR_cb(sai_denoise_ctx_t* ctx, const char* type, const
     char* data, size_t size,
125.                              void* user_data) {
126.   if (user_data) {
127.     //debug_log("[Got Data: %s] usrdata = %d", type, *(int*)(user_data));
128.   }
129.   if (data && size > 0) {
130.     memcpy(buff+buff_size,data,size);
131.     buff_size = buff_size + size;
132.     writeToFile(1100, Sai_Debug_ASR1, std::string(data, size));
133.   }
134. }
```

（9）VAD 检测回调函数，代码如下。

```
150. void svk_denoise_event_VAD_cb(sai_denoise_ctx_t* ctx, const char* type, int32_t
     code, const void* payload,
151.                               void* user_data) {
```

（10）将降噪后的音频传送到云端进行识别，识别结果通过回调函数返回，代码如下。

```
156.   debug_log("[Got Event: Vad] vad_val = %d", vad);
157.   switch (vad) {
```

```
158.     case 0:
159.         debug_log("[Got Event: Vad] Vad_begin");
160.         break;
161.     case 1:
162.         debug_log("[Got Event: Vad] Vad_end");
163.         sai_denoise_stop_beam(ctx);
164.
165.         while ((buff_size=buff_size-N)>0)
166.         {
167.             memcpy(buf,buff,N);
168.             buff=buff+N;
169.             if(buff_size<0)break;
170.             sai_openapi_asr_session_recognize(asr_session, buf, N);
171.             usleep((N * 8 /(16000 * 16* 8 / 1000)) * 1000);
172.         }
173.     sai_openapi_asr_session_flush(asr_session);
```

（11）设置在声智科技官网申请到的 App ID 和 Secret Key，代码如下。

```
358.    char *app_id = "AAAAAHErWgIgq3RgSiBUH03b";
359.    char *secret_key = "dVuowniuIGRhgD3vapkIUhvc";
```

9.2.2 编译

编译的步骤如下。

（1）执行命令"export LD_LIBRARY_PATH=./lib/arm64-linux/asr/"，设置环境变量。

（2）执行命令"chmod 755 make.sh"。

（3）执行命令"./make.sh aarch64-gnu"。

脚本文件 make.sh 的主要内容如下。
CMAKEFILE="toolchain-cmake/$1-toolchain.cmake"
ALSATYPE="-DBUILD_LINUXALSA=ON"
VSTRIP="aarch64-linux-gnu-strip"

9.2.3 运行程序

执行命令"./build/aarch64-gnu/release/sample_basexdenoise sai_config/ 1 sai_config/license.txt y"，启动程序，显示提示信息"start basex success"和"wake up now"，如图 9.3 所示。

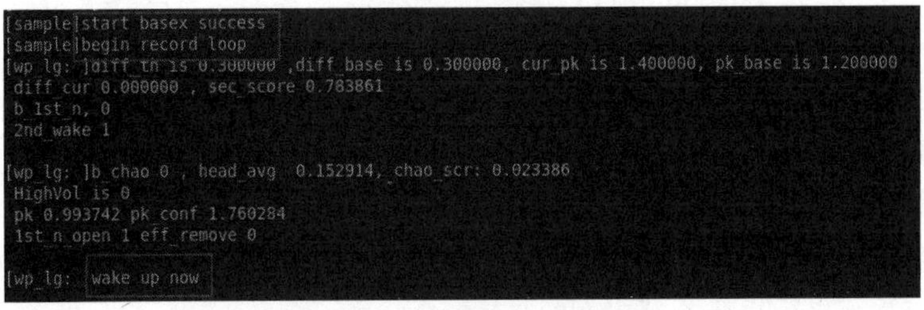

图 9.3 启动程序并显示提示信息

通过喊"小易小易"唤醒设备，EAIDK-310 开发板即可通过麦克风阵列录音，经过声智科技降噪算法，将语音上传至声智科技 Babel 开放平台进行识别，然后返回文本，如图 9.4 所示。

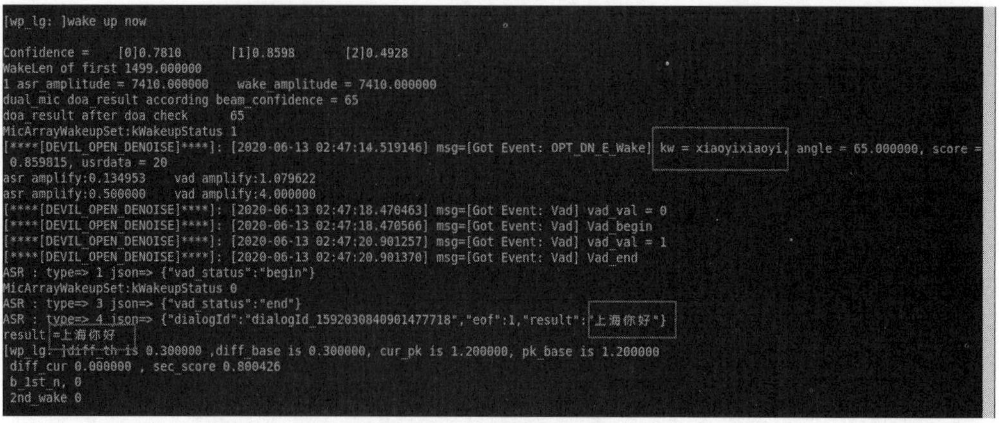

图 9.4　语音识别成功

◆ 唤醒设备后，说出"上海你好"，经过语音识别，终端显示文本"上海你好"。

9.3　自然语言处理

自然语言处理

自然语言处理是指用计算机对自然语言的形、音、义等信息进行处理，即对字、词、句、篇、章进行输入、识别、分析、理解、输出、生成等操作和加工，实现人机间的信息交流，其本质是计算机理解和处理文本的过程。

自然语言处理的流程包括语料获取、语料预处理、特征工程、特征选择、模型训练、指标评价等过程。

自然语言处理的实现步骤如下。

（1）联网状态下，执行命令"wget ftp://ftp.eaidk.net/EAIDK310_Source/SoundAI/nlp.zip"，下载源码包。

（2）执行命令"unzip nlp.zip"，解压源码包 nlp.zip。

（3）执行命令"cd nlp"，进入 nlp 目录。

（4）执行命令"export LD_LIBRARY_PATH=./lib/"，设置环境变量。

（5）执行命令"gcc examples/nlp_sample_c.c -L lib/ -lbabel_cpp_nlp -I include/ -o nlp"，进行编译。

gcc 是 GNU Compiler Collection（GNU 编译器套件）的缩写，当程序只有一个源文件时，可以直接用 gcc 命令进行编译。

- -L lib/：向 gcc 的库文件搜索路径中添加新的目录 lib；
- -lbabel_cpp_nlp：Linux 中，用小写字母 l 指定链接的库文件名时应省去 lib 这 3 个字母，因此此参数指定链接 lib 目录下的 libbabel_cpp_nlp.so 文件；
- -I include/：大写字母 I，表示向 gcc 的头文件搜索路径中添加新的目录 include；
- -o nlp：指定输出文件的名称为 nlp。

当程序包含多个源文件时，用 gcc 命令逐个编译就变得混乱且工作量大，这时可以使用 CMake 工具。9.2.2 节中就使用了 CMake 工具进行编译。

（6）执行命令“./nlp AppId SecretKey”，运行程序，自然语言处理运行结果如图 9.5 所示。

```
[openailab@localhost nlp]$ ./nlp AAAAAHErWgIgq3RgSiBUH03b dVuowniuIGRhgD3vapkIUhvc
NLP Version: NLP_6ff0c07
[example]
[example]{"code":200,"message":"ok","query":"上海今天天气","data":{"result":{"alarms":[],"now":{"date":"20
20-06-06","weather":{"condition":{"code":"101","text":"多云"},"visibility":"13.9","temperature":{"min":"20
","max":"27","now":"27","feels_like":"27"},"humidity":"72","pressure":"1008","wind":{"scale":"1","speed":"
2.16","direction":"东北","direction_degree":"35"}},"air":{"no2":"18","o3":"84","pm25":"9","so2":"4","aqi":
"27","pm10":"16","co":"0.540","quality":"优"}},"suggestions":{"uv":{"brief":"弱","details":"紫外线强度较弱
，建议出门前涂擦SPF在12-15之间、PA+的防晒护肤品。"},"ac":{"brief":"较少开启","details":"您将感到很舒适，一
般不需要开启空调。"},"sunscreen":{"brief":"较弱","details":"紫外线强度较弱，建议涂擦SPF在12-15之间，PA+的
防晒护肤品。"},"air_pollution":{"brief":"良","details":"气象条件有利于空气污染物稀释、扩散和清除，可在室外
正常活动。"},"dressing":{"brief":"热","details":"天气热，建议着短裙、短裤、短薄外套、T恤等夏季服装。"},"ca
r_washing":{"brief":"不宜","details":"不宜洗车，路面积水较多，不宜擦洗汽车。如果执意擦洗，要做好溅上泥水的
心理准备。"},"allergy":{"brief":"极不易发","details":"天气条件极不易诱发过敏，可放心外出，享受生活。"},"tr
avel":{"brief":"适宜","details":"天气较好，风稍大，但温度适宜，总体来说还是好天气。这样的天气适宜旅游，您
可以尽情享受大自然的风光。"},"sport":{"brief":"较适宜","details":"阴天，较适宜进行各种户内外运动。"},"comf
ort":{"brief":"较舒适","details":"白天以阴为主，但稍会让您感到有点儿热，但大部分人完全可以接受。"},"flu":{
"brief":"少发","details":"各项气象条件适宜，无明显降温过程，发生感冒机率较低。"},"traffic":{"brief":"一般"
,"details":"阴天，因路面湿滑，交通气象条件一般，刹车距离延长，事故易发期，注意车距，务必小心驾驶。"}},"dai
ly_forecast":[{"date":"2020-06-06","weather":{"condition":{"code_day":"104","text_night":"多云","text_day"
:"阴","code_night":"101"},"temperature":{"min":"20","max":"27"},"humidity":"82","wind":{"scale":"4","speed
":"25.20","direction":"东","direction_degree":"68"}},"air":{"no2":"21","o3":"110","pm25":"8","so2":"3","aq
i":"59","pm10":"13","co":"0.436","quality":"良"}},{"date":"2020-06-07","weather":{"condition":{"code_day":
"101","text_night":"阴","text_day":"多云","code_night":"104"},"temperature":{"min":"21","max":"28"},"humid
ity":"86","wind":{"scale":"4","speed":"25.20","direction":"东南","direction_degree":"120"}},"air":{"no2":"
18","o3":"129","pm25":"13","so2":"2","aqi":"75","pm10":"20","co":"0.405","quality":"良"}},{"date":"2020-06
-08","weather":{"condition":{"code_day":"100","text_night":"晴","text_day":"晴","code_night":"100"},"tempe
rature":{"min":"22","max":"28"},"humidity":"90","wind":{"scale":"4","speed":"25.20","direction":"东南","di
rection_degree":"135"}},"air":{"no2":"16","o3":"135","pm25":"11","so2":"1","aqi":"80","pm10":"15","co":"0.
423","quality":"良"}},{"date":"2020-06-09","weather":{"condition":{"code_day":"305","text_night":"小雨","t
ext_day":"小雨","code_night":"305"},"temperature":{"min":"23","max":"29"},"humidity":"90","wind":{"scale":
"4","speed":"25.20","direction":"东","direction_degree":"90"}}},{"date":"2020-06-10","weather":{"condition
":{"code_day":"104","text_night":"小雨","text_day":"阴","code_night":"305"},"temperature":{"min":"23","max
":"30"},"humidity":"92","wind":{"scale":"3","speed":"16.20","direction":"南","direction_degree":"180"}}},{
"date":"2020-06-11","weather":{"condition":{"code_day":"305","text_night":"小雨","text_day":"小雨","code_n
ight":"305"},"temperature":{"min":"23","max":"27"},"humidity":"93","wind":{"scale":"3","speed":"16.20","di
rection":"西","direction_degree":"270"}}},{"date":"2020-06-12","weather":{"condition":{"code_day":"305","t
ext_night":"中雨","text_day":"小雨","code_night":"306"},"temperature":{"min":"24","max":"29"},"humidity":"
85","wind":{"scale":"5","speed":"34.20","direction":"西","direction_degree":"270"}}}]},"answer":"6月6号，
星期六，上海市多云。最高温27摄氏度，最低温20摄氏度。PM二点五值为9，属于优。今天白天以阴为主，但稍会让您感
到有点儿热，但大部分人完全可以接受。","parameters":{"date":"2020-06-06","city":"上海市"}},"domain":"weathe
r","appId":"72","deviceId":"111","dialogId":"333","botName":null,"skillId":null,"skillName":null,"intentNa
me":null,"intentComplete":false}
[openailab@localhost nlp]$
```

图 9.5 自然语言处理运行结果

- 查询天气信息“上海今天天气”；
- 通过回调函数返回结果，结果是 json 格式的文本。

9.4 语音合成

语音合成

语音合成即文本转语音，是把文本转化成语音的过程。语音合成的功能相当于嘴巴，其作用是让机器说话。如果说语音识别技术是让计算机学会“听”人的话，将输入的语音信号转换成文字，那么语音合成技术就是让计算机把文字“说”出来，将任意输入的文本转换成语音输出。在 Siri 等各种语音助手中听到的声音，都是由语音合成技术生成的，并不是真人在说话。

语音合成的实现步骤如下。

（1）联网状态下，执行命令“wget ftp://ftp.eaidk.net/EAIDK310_Source/SoundAI/tts.zip”，下载源码包。

（2）执行命令“unzip tts.zip”，解压源码包。

（3）执行命令“cd tts”，进入 tts 目录。

（4）执行命令"export LD_LIBRARY_PATH=lib/"，设置环境变量。

（5）执行命令"gcc examples/tts_sample_c.c -L lib/ -lbabel_cpp_tts-I include/ -o tts"，进行编译。

（6）执行命令"./tts AppId SecretKey"，运行程序。

（7）输入 exit 并回车，自动生成文字转语音文件 sai_openapi_async_tts.mp3，语音合成运行结果如图 9.6 所示。

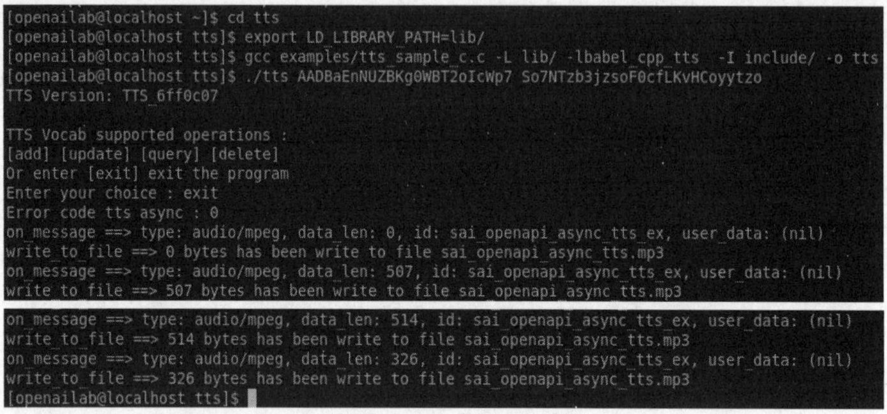

图 9.6 语音合成运行结果

（8）生成的.mp3 文件可以通过 VLC 进行播放，也可以通过 sox-devel 进行播放。播放的内容即 examples/tts_sample_c.c 示例代码中的文本内容，示例代码如下。

```
63.    int main(int argc, const char *argv[]) {
64.        if (argc < 3) {
65.            printf("Usage: %s <your-appid> <your-secret_key> \n", argv[0]);
66.            return 0;
67.        }
68.        const char *app_id = argv[1];
69.        const char *secret_key = argv[2];
70.        const char *text = "今天天气怎么样,自然语言处理（natural language processing,
    NLP）是指用计算机对自然语言的形、音、义等信息进行处理，即对字、词、句、篇、章进行输入、识别、分
    析、理解、输出、生成等操作和加工，实现人机间的信息交流。它包括自然语言理解（natural language
    understanding, NLU）和自然语言生成（natural language generation, NLG）。";
```

◆ 修改上述代码中的文本内容，包括英文单词等，对比语音合成效果。

（9）除了文本内容以外，也可以修改语音类型、语速、语调、音量等参数，代码如下。

```
79.    sai_openapi_tts_t *tts = sai_openapi_create_tts(app_id, secret_key);
80.
81.    cloud_error_code_e error_code;
82.
83.    cloud_error_code_e vocab_ec;
84.    char choice[10];
85.    char domain[20];
86.    char pop_word[20];
87.    char replaced_pop_word[20];
88.    char yes[2];
89.    char query_pop_word_yes[2];
```

```
90.    char query_domain_yes[2];
91.    sai_openapi_tts_map_t *options = sai_openapi_tts_str_map_init();
92.    sai_openapi_tts_set_str_map_node(options, "voiceName", "jingjing");
93.    sai_openapi_tts_set_str_map_node(options, "speed", "5");
94.    sai_openapi_tts_set_str_map_node(options, "volume", "5");
95.    sai_openapi_tts_set_str_map_node(options, "pitch", "5");
96.    sai_openapi_tts_set_str_map_node(options, "audioType", "mp3_16000");
```

9.5 制作智能音箱

制作智能音箱

前面已经介绍了通过声智科技在线语音 SDK 实现基于 EAIDK-310 的语音识别、自然语言处理、语音合成，了解相关的原理与方法后，下面介绍智能音箱的制作步骤。

（1）联网状态下，执行命令"wget ftp://ftp.eaidk.net/EAIDK310_Source/SoundAI/Azero_SDK_for_Linux.tar.gz"，下载源码包。

（2）执行命令"tar -xzvf Azero_SDK_for_Linux.tar.gz"，解压源码包。

（3）执行命令"cd Azero_SDK_for_Linux/"，进入 Azero_SDK_for_Linux 目录。

（4）项目目录和文件结构如图 9.7 所示。

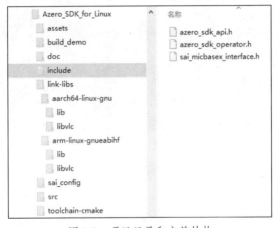

图 9.7　项目目录和文件结构

- include：包含 Azero SDK 的头文件；
- link-libs：包含编译示例代码所需的依赖库，目录中分版本放置，包括 lib（Azero SDK 库）和 libvlc（SDK 依赖的播放器库，默认支持的播放器为 VLC）；
- sai_config：包含配置文件、唤醒模型目录；
- src：包含示例文件 main.cpp；
- toolchain-cmake：包含 cmake 交叉编译配置文件。

（5）打开文件 Azero_SDK_for_Linux/src/main.cpp，修改麦克风数量 mic_num 和设备节点*hw 的相关代码。

```
158.    void* load_plugin_basex() {
159.        void *handle;
160.        int mic_num = 6;
```

```
161.    int board_num = 8;
162.    int frame = 16*16;
163.    const char *hw = "hw:2,0";
164.    char chmap[16] = "0,1,2,3,4,5,6,7";
165.    handle = SaiMicBaseX_Init(board_num, mic_num, frame, hw);
```

◆ 本例使用的 SoundPi linear 麦克风数量为 4，修改相应代码为"int mic_num = 4"；
◆ 图 9.2 中查询到的设备节点为 2,0，代码"const char *hw = "hw:2,0""保持不变。

（6）新建 data 目录，将资源及配置文件 sai_config/arm/*复制到 data 目录下。

（7）执行命令"export LD_LIBRARY_PATH=./link-libs/aarch64-linux-gnu/lib/"，设置环境变量，指定动态链接库路径。

（8）根据麦克风模组的实际情况修改上述参数后，在项目根目录执行命令"./run.sh aarch64-gnu"，进行编译。

◆ 根目录下生成了示例程序 sai_client，表示编译成功。

（9）执行命令"./sai_client"，启动程序，运行结果如图 9.8 所示。

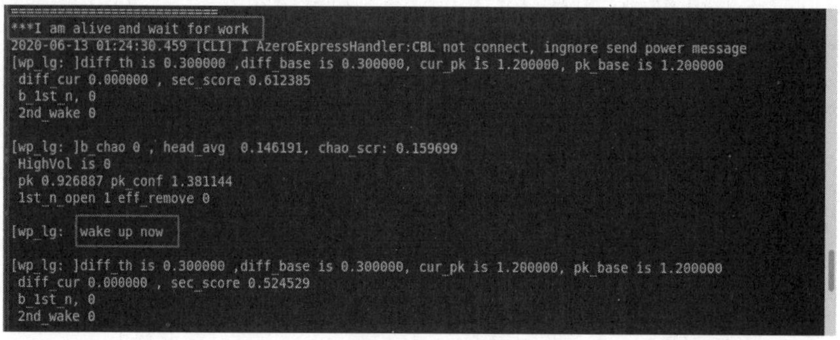

图 9.8　运行结果

（10）在联网状态下，通过唤醒词"小易小易"唤醒设备，就可以与小易进行语音交互了，可以听到小易的回应，语音交互结果如图 9.9 所示。

图 9.9　语音交互结果

◆ 基于 EAIDK-310 制作的智能音箱，除了常见的聊天、播放新闻、播放广播、播报天气、播放音乐等功能外，还有查百科、查路况、听相声、做算术等几十项实用、好玩的技能，可以满足简单的娱乐需求。

（11）程序 main.cpp 初始化时的重要参数：client_ID、product_ID、device_SN，相关代码如下。其中，前两个参数用于标识产品类别，device_SN 用于标识个体设备。

```
240.    const char *client_ID = "5db999343c4a680007ac6697"; //set to your own client
241.    const char *product_ID = "zengliang01"; //set your owner product ID
242.    const char *device_SN = "AABBCCDDEEFF"; //set the unique device SN.
243.    azero_set_customer_info(client_ID,product_ID,device_SN);
```

复习思考题

参考 GitHub 中 Azero_SDK_for_Linux 的"示例运行"，注册、填写自己的参数，并重新编译、运行，创建自己特有的技能。

9.6 本章小结

本章主要介绍了语音识别、自然语言处理、语音合成的基本概念，介绍了如何通过声智科技在线语音 SDK 制作基于 EAIDK-310 的智能音箱，包括程序编写、编译、运行等基本流程。

参考文献

[1] 贺雪晨，仝明磊，谢凯年，等. 智能家居设计：树莓派上的 Python 实现[M]. 北京：清华大学出版社，2020.

[2] 贺雪晨，陈炜，赵琰，等. micro: bit 开源智能硬件开发案例教程[M]. 北京：清华大学出版社，2021.

[3] DAUGMAN J. How iris recognition work[J]. IEEE Transactions on Circuits and Systems for Video Technology, 2004, 14(1): 21-30.

[4] MASEK L. Recognition of Human Iris Patterns for Biometric Identification[D]. Perth: The University of Western Australia, 2003.

[5] ZHANG K, ZHANG Z, LI Z, et al. Joint Face Detection and Alignment Using Multitask Cascaded Convolutional Networks[J]. IEEE Signal Processing Letters, 2016, 23(10): 1499-1503.

[6] 滕童，沈文忠，毛云丰. 基于级联神经网络的多任务虹膜快速定位方法[J]. 计算机工程与应用，2020，56（12）：118-124.

[7] Tengine-a lite, high performance, modular inference engine for embedded device [EB/OL]. [2021-04-01]. https://github.com/oaid/tengine.

[8] OTHMAN N, DORIZZI B, GARCIA-SALICETTI S. OSIRIS: An open source iris recognition software[J]. Pattern Recognition Letters, 2016, 82(oct. 15): 124-131.

[9] WANG F, CHENG J, LIU W, et al. Additive Margin Softmax for Face Verification[J]. IEEE Signal Processing Letters, 2018, 25(7): 926-930.

[10] LIU N, ZHANG M, LI H, et al. DeepIris: Learning Pairwise Filter Bank for Heterogeneous Iris Verification[J]. Pattern Recognition Letters, 2015, 82(2): 154-161.

[11] DENG J, GUO J, ZAFEIRIOU S. ArcFace: Additive Angular Margin Loss for Deep Face Recognition[C]// 2019 IEEE/CVF Conference on Computer Vision and Pattern Recognition (CVPR). IEEE, 2019.